美国陆军工程师团工程师手册

EM 1110－1－1804(2001)

岩土工程勘察规范

(Geotechnical Investigations)

许仙娥　滕　杰　屈志勇　李英海　编译

黄 河 水 利 出 版 社

·郑 州·

内 容 提 要

本书是美国陆军工程师团为其所承担的民用和军用工程各阶段的岩土工程勘察所制定的指导性标准，是概括性的，目的是提供一个总的指导，相关方法详见行业标准和参考资料。原版附件内容篇幅较大，未予以编译收录。本书编译内容分为正篇即上述岩土工程勘察规范手册的正文部分，另外，还在外篇即资料性译文中，收录了4篇由于生产实践需要参考而翻译的文献。

本书可供工程地质勘察工作者及大专院校岩土工程专业的教师、学生参考使用。

图书在版编目(CIP)数据

岩土工程勘察规范：美国陆军工程师团工程师手册：EM 1110－1－1804：2001/许仙娥等编译. —郑州：黄河水利出版社，2015.1

ISBN 978－7－5509－1010－2

Ⅰ.①岩… Ⅱ.①许… Ⅲ.①岩土工程－地质勘探－手册 Ⅳ.①TU412－62

中国版本图书馆CIP数据核字(2015)第017602号

组稿编辑：王路平 电话：0371－66022212 E-mail：hhslwlp@126.com

出 版 社：黄河水利出版社

地址：河南省郑州市顺河路黄委会综合楼14层 邮政编码：450003

发行单位：黄河水利出版社

发行部电话：0371－66026940、66020550、66028024、66022620(传真)

E-mail：hhslcbs@126.com

承印单位：河南承创印务有限公司

开本：890 mm×1 240 mm 1/32

印张：6.5

字数：190千字 印数：1—2 000

版次：2015年5月第1版 印次：2015年5月第1次印刷

定价：30.00元

编译者序

正如手册第一章绪言中所说，本手册是美国陆军工程师团为其所承担的民用和军用工程各阶段的岩土工程勘察所制定的指导性标准，是岩土工程勘察策划与实施的指导性文件，并不是工程地质理论与勘察方法的标准性范本，亦即在任何情况下，实际勘察工作必须根据各项工程的具体情况来确定。手册第二章是工程不同设计阶段的勘察工作指南，第三章是初期区域性的工程地质调查工作内容，第四章是现场地面勘察工作指南，第五章是地下勘探工作指南，第六章描述了大型生产性试验勘察，第七章描述了确定岩土体物理力学特性的室内试验程序。手册是概括性的，目的是提供一个总的指导，相关方法详见行业标准和参考资料。附件内容较多，包括施工区地质编录细节，平硐、竖井地质编录，钻孔编录实例，采取土样，触探试验等，由于篇幅较大，未予以编译收录。

本书编译内容分为正篇即上述岩土工程勘察规范手册的正文部分，另外，还在外篇即资料性译文中，收录了 4 篇由于生产实践需要参考而翻译的文献。其中，手册正文主要由许仙娥、滕杰、屈志勇、李英海等翻译，资料性文献主要由苏红瑞、滕杰、屈志勇、李英海等翻译，全书由袁宏利、许仙娥统稿并作序。

编译本书过程中，得到了中水北方勘测设计研究有限责任公司勘察院领导的大力支持、指导和帮助，在此表示感谢！

由于编译者水平有限，书中肯定存在不少谬误之处，恳请读者批评指正（反馈信息请寄至天津市河西区洞庭路 60 号中水北方勘测设计研究有限责任公司勘察院袁宏利，电子邮箱 tididzzd@ vip. sina. com）。

编译者

2014 年 9 月

目　录

编译者序

正篇手册　岩土工程勘察规范

外篇　资料性译文

正篇手册

岩土工程勘察规范

(Geotechnical Investigations)

声　明

1. **目的**　本手册为民用和军用工程各阶段的岩土工程勘察确定标准并提供指导性意见。

2. **适用范围**　本手册适用于美国陆军工程师团承担的所有民用和军用工程。

3. **版权声明**　本手册向公众发行,无版权限制。

4. **说明**　一项工程的地质、地震和岩土条件将影响该工程的安全、投资效益、设计和施工。岩土勘察深度不够、对勘察成果的错误解读或对勘察成果解释得不够清楚或难以理解,都会造成高成本的方案变更和施工后的补救处理,甚至有可能造成工程失事,因此岩土勘察及其勘察报告是所有工程施工与设计的一个重要组成部分。

本手册取代 1984 年 2 月 29 日出版的 EM 1110 - 1 - 1804 和 1996 年 9 月 30 日出版的 EM 1110 - 1 - 1906。

第一章　绪　言

1－1　目的

本手册为民用与军事工程各阶段的岩土工程勘察制定标准并提供指南。本手册是岩土工程勘察策划与实施的指导性文件，并不是工程地质理论与勘察方法的标准性范本。在任何情况下，实际勘察工作必须根据各项工程的具体情况来确定。

1－2　适用性

本手册适用于陆军工程师团所从事的民用和军用工程勘察工作。陆军工程师团出版的工程师手册包含了策划、设计技术指南，为工程师团承担的工程提供重要的技术指导，但是一套工程师手册不可能为设计者提供完成一项工程所必须具备的以下两条：经验与判断力。因此，强烈建议刚参加工作的岩土工程师与地质人员向有经验的同事学习。

1－3　参考资料

本手册所参考的规程、规范和标准列于附录A，以标注的政府出版物编号或编制单位来区分军用标准（MIL－STD）、陆军规程（AR）、技术手册（TM）、工程师规程（ER）、工程师手册（EM）、工程师小册子（EP）和工程师技术说明（ETL）。其他参考资料列于参考书目中，并在手册中标明了主要作者的姓氏和出版日期。可从互联网工程师团的网页（www. usace. army. mil/inet/usace－docs/）下载这些出版物。

1-4 背景

岩土工程勘察是为了查明拟建工程的地质、地震和岩土条件，这些条件将影响工程的安全、投资效益、设计与施工。勘察深度不够、对勘察成果的错误解读或以含糊不清难以理解的形式表述勘察成果，均有可能导致设计不合理、施工工期拖延、高代价的施工方案变更、使用的建材不符合标准、场地环境破坏和建成后的修补，甚至可能造成工程失事并引起诉讼。勘察的目的是查明工程区的地质背景，包括：影响场址选择的地质、地震和岩土条件，地基岩土体的特性，对工程安全、设计和施工有影响的工程地质条件，不利的地貌演变过程及建筑材料来源等。地质学与确定工程对环境的影响及减轻这些影响的其他自然科学之间有着密切的联系，岩土工程勘察人员首要任务之一是要对工程的自然条件进行评价。因此，需要由高水平、有经验的人员来策划和指导岩土工程勘察工作。岩土勘察应该由接受过岩土勘察教育，并有一定工作经验的工程地质学家、地质工程师、岩土工程师、地质学家和土木工程师来完成。场地的地质条件对评价环境影响和减弱影响程度方案设计来说是一项重要的影响因素，因此观察和揭露与环境影响有关的潜在条件是勘察工作的一项基本任务。勘察方法的选择应考虑以下因素：

a. 地下岩土体组成和水文地质条件；

b. 拟建或所勘察的建筑物的规模；

c. 勘察阶段，如可行性研究、初步设计和详细设计阶段；

d. 勘察目的，例如是已有建筑物的稳定性评估，还是设计一座新的建筑物；

e. 场地和建筑物的复杂程度；

f. 地形地貌；

g. 勘察工作的难度；

h. 对样品或周边场地的干扰程度；

i. 经费；

j. 工期；

k. 环境需求/结果；

l. 政治因素。

1－5　手册的内容

越来越多的岩土勘察用于评估已有工程运行期的状况，这类勘察所采用的方法往往受勘察环境的限制，设计者必须考虑这些限制条件。

a. 概述

道路和机场的勘察，不包括在本手册讨论范围之内。施工场地勘察过程中有可能会揭露危险、有毒的废弃物，若遇到这种情况，勘察人员应与专家管理中心（Mandatory Center for Expertise）联系，请求帮助。应说明的是，本手册所描述的技术方法和程序适用于具危险、有毒、放射性废弃物（HTRW）场地的勘察工作。HTRW 场地评估的岩土工程技术方面见 EM 1110－1－4000《建筑场地环境调查与整治规程》（初稿，Walker and Borrelli，1998）。

b. 各章节内容

第二章为工程不同设计阶段勘察工作指南。第三章为初期区域性的工程地质调查，而第四章则提供现场地面勘察工作指南。第五章为地下勘探指南。第六章描述了大型生产性试验勘察（prototype investigations）。第七章描述了确定岩土体物理力学特性的室内试验程序。附件包括：附件 B—施工区地质编录细节；附件 C—平硐、竖井地质编录；附件 D—钻孔编录实例；附件 E—取土样；附件 G 和 H—触探试验；附件 F 为工程师手册在取土样方面的修正版。EM 200－1－3 的附件 C 中也有涉及取土样方面的资料。附件中指明了适用的 EM 中有关土体取样的相关章节。本手册是概括性的，相关方法详见行业标准和参考资料。参考资料中缺欠的内容本手册作了描述。本手册出版的目的是提供一个总的指导，由于各工程师团（COE）之间在岩土勘察方面存在不一致性，因此建议各单位编写自己的现场勘察手册，这种手册应当按照相关机构习惯采用的岩土勘察过程来编写，并与现行的 EM 一致。

第二章　勘察工作的安排

2－1　概述

兴建一项工程，从方案构思到施工，再到运行维修期，都需要安排与该工程开发阶段深度相适应的岩土勘察工作。绝大多数情况下，开始阶段的岩土勘察具总体性，覆盖面广。随着设计阶段的深入，勘察工作范围较前缩小，工作却更详细，多在特定区域进行。对于大型复杂的工程，勘察工作可以包括非常详细的地质测绘工作，如作为建筑物地基的基岩面。勘察工作范围与精度在后面各节中叙述。尽管有些方面列得较详细，但并不要求刻板地、一成不变地执行，按照具体工程的要求和当地的条件制订勘察计划是现场岩土工程勘察技术人员的职责。不过，各设计阶段进行的勘察工作项目都有最低的要求，本手册列出了这些基本要求。所有岩土勘察项目必须由具备岩土工程设计资质的地方单位来完成，没有地方上岩土勘察设计单位的许可，任何岩土工程勘察项目不得外包。

第一节　民用工程

2－2　踏勘与可行性研究

a. **目的**

踏勘是为了明确能否找到一条既能满足当地利益，又与管理政策相一致的方法来解决问题。如果是这样的话，踏勘成果为是否需要进行下一阶段的可行性研究提供论证资料（ER 1110－2－1150）。可行性研究是确定、评估拟建工程在环境、经济和工程方面的优缺点，该阶段的工作指南见 ER 1105 - 2 - 100。可行性研究阶段及施工前期规划与工程设计相关的工作内容见 1110 系列出版物。

b. 勘察精度

规划阶段的勘察工作应达到这样的深度：了解各比选场地的岩土工程条件，以满足可行性研究报告中进行方案比选的需要。勘察工作量必须足以能选出区域内自然条件最好的工程场地，明确与场地条件最适宜的建筑物总体布置形式，评估水文地质条件对场地设计与施工的影响，评价对环境的影响，并详细计算各方案的造价，以便在经济上进行评估对比。

c. 勘察步骤

规划阶段的勘察工作一般分两部分进行：区域地质研究和初步现场勘察。先进行区域地质研究，当区域地质研究进行到确定勘察场地的范围时再安排初步现场勘察。

(1)区域地质研究。评估区域地质需要收集的资料和工作步骤见图 2-1。对区域地质的了解是初步规划和选择工程场地及解释勘探资料的基础。除断层的分析研究外，确定地震活动性和初步选定设计地震烈度等项工作，是与研究区域地质联系在一起进行的。阐明区域地质和确定地区地震活动性所需的许多资料是相同的，因此可以结合起来同时开展。工程地震活动性研究要求更深入地研究大地构造史、历史地震活动性及潜在活断层的位置，这是属于区域地质研究工作的合理延伸。地震设计及分析工作方面的要求，包括地质学和地震学研究，均列在 ER 1110 - 2 - 1806 中。

(a)利用遥感资料来评价场地区域地质可大幅度提高工作效率、节省经费和时间，通常能收集到一系列拍摄于不同时期的遥感图像。用于评估区域地质的遥感图像一般有航片和卫片两种，遥感分析可用于评估地貌特征、地质构造，土壤分区、沉积来源和搬运途径，监测、评估环境影响。Gupta(1991)论述了遥感信息在地质勘察方面的应用，Rinker 等(1991)论述了遥感信息在沙漠地区的应用。遥感图像主要来源于美国地质调查局(USGS)605 - 594 - 6151(或 edcwww. cr. usgs/content_products. html 网站)和美国农业部农业安全局 801 - 975 - 3503。

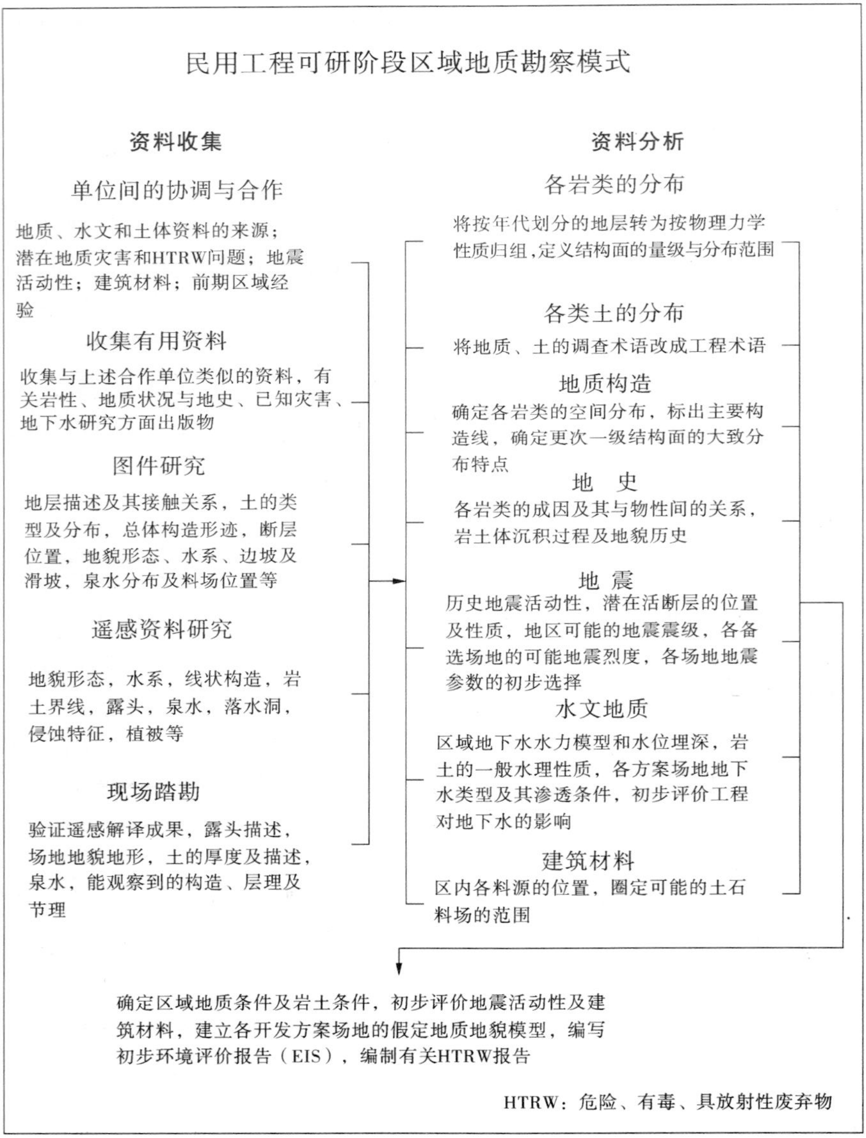

民用工程可研阶段区域地质勘察模式

资料收集

单位间的协调与合作

地质、水文和土体资料的来源；潜在地质灾害和HTRW问题；地震活动性；建筑材料；前期区域经验

收集有用资料

收集与上述合作单位类似的资料，有关岩性、地质状况与地史、已知灾害、地下水研究方面出版物

图件研究

地层描述及其接触关系，土的类型及分布，总体构造形迹，断层位置，地貌形态、水系、边坡及滑坡，泉水分布及料场位置等

遥感资料研究

地貌形态，水系，线状构造，岩土界线，露头，泉水，落水洞，侵蚀特征，植被等

现场踏勘

验证遥感解译成果，露头描述，场地地貌地形，土的厚度及描述，泉水，能观察到的构造、层理及节理

资料分析

各岩类的分布

将按年代划分的地层转为按物理力学性质归组，定义结构面的量级与分布范围

各类土的分布

将地质、土的调查术语改成工程术语

地质构造

确定各岩类的空间分布，标出主要构造线，确定更次一级结构面的大致分布特点

地　史

各岩类的成因及其与物性间的关系，岩土体沉积过程及地貌历史

地　震

历史地震活动性，潜在活断层的位置及性质，地区可能的地震震级，各备选场地的可能地震烈度，各场地地震参数的初步选择

水文地质

区域地下水水力模型和水位埋深，岩土的一般水理性质，各方案场地地下水类型及其渗透条件，初步评价工程对地下水的影响

建筑材料

区内各料源的位置，圈定可能的土石料场的范围

确定区域地质条件及岩土条件，初步评价地震活动性及建筑材料，建立各开发方案场地的假定地质地貌模型，编写初步环境评价报告（EIS），编制有关HTRW报告

HTRW：危险、有毒、具放射性废弃物

图 2-1　区域地质研究步骤示意图

(b)整编区域地质资料和现场踏勘成果，建立各场地地质模型。强烈建议采用地理信息系统(GIS)建立该地质模型。GIS 为数据的存、取提供平台，可将不同形式的引用数据资料转化成一个整体来分析和显示。GIS 可以想象成一幅高位地图，能够从两幅或更多幅地图图层中提取信息(Star 和 Estes，1990；环境研究所(ESRI)，1992)。将 GIS 应用于岩土工程，在工程规划/设计、现场工作方案、地图绘制/统计资料及重要变量的识别与校对方面增强了数据处理能力。一个工程是否需要采用 GIS 取决于工程的规模、复杂程度和可利用资料的多少，根据采用 GIS 可带来的效益与建立原始模型所需要的经费来决定。从工程选址至建成后的运行维护期，一个工程的 GIS 可为所有的工程参与者服务(如设计师、工程师、地质学家和考古学家)。

(c)不管是利用 GIS 还是采用更传统的方式建立的地质模型，该模型在以后的各勘察阶段将不断进行修正，从而为确定初步现场勘察范围提供所需的资料。收集、研究区域地质资料及进行现场踏勘的步骤列于第三章中。

(2)现场初步勘察工作一般步骤详见图 2-2。勘察范围取决于工程的规模和性质，然而，每一场地的勘察工作都应该对所有影响该工程的岩土特性进行勘察。第四章介绍了现场地面测绘工作，第五章介绍了地下勘探。重要的工程，如大坝、水库、电厂以及闸坝等，应对其场地进行综合性的勘察，第六章论述了这类详细勘察程序。进行区域和工程场地地质测绘可对地质模型与暂定的地面物探及地下勘探计划进行早期修改。适当地进行地面物探，可以得到较大范围内的覆盖层厚度、地下水埋深和地质构造面等方面资料。在钻探前进行这类物探工作，可减少拟建建筑物地基区钻孔的数量，有时也能减少料场区钻探工作量。物探勘探线应沿坝轴线和渠道线布置，对于船闸、非河床式溢洪道、隧洞、导流设施、料场，以及推测的埋藏古河道、溶洞或其他重要的不明地质现象，也都应沿其轴线布置物探工作。

(a)可行性研究报告中每个方案的工程场地都应有钻探资料。钻孔孔数和孔深不能随意确定，应保证足够的覆盖面，以能够合理地确定各工程场地的地下地质条件为准。堤、防洪坝、泵站、娱乐场所等类型

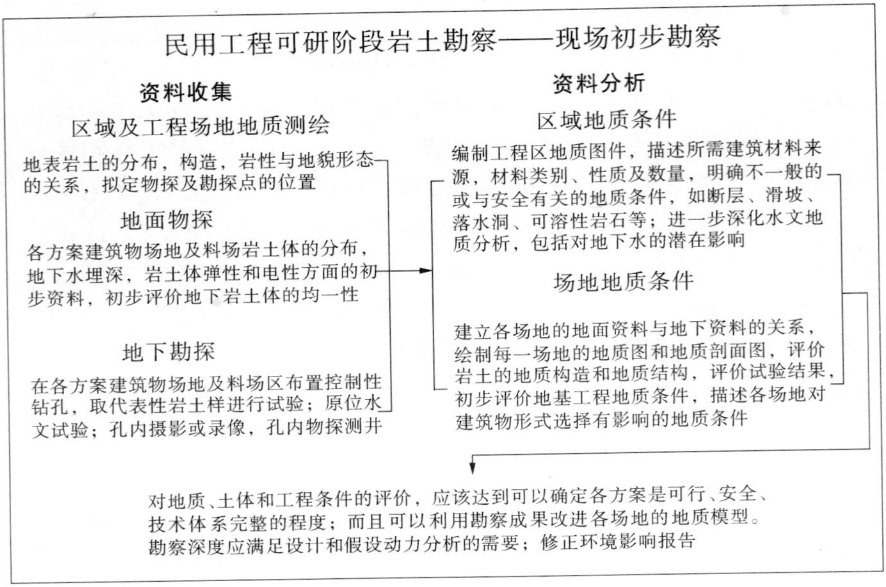

民用工程可研阶段岩土勘察——现场初步勘察

资料收集

区域及工程场地地质测绘

地表岩土的分布，构造，岩性与地貌形态的关系，拟定物探及勘探点的位置

地面物探

各方案建筑物场地及料场岩土体的分布，地下水埋深，岩土体弹性和电性方面的初步资料，初步评价地下岩土体的均一性

地下勘探

在各方案建筑物场地及料场区布置控制性钻孔，取代表性岩土样进行试验；原位水文试验；孔内摄影或录像，孔内物探测井

资料分析

区域地质条件

编制工程区地质图件，描述所需建筑材料来源，材料类别、性质及数量，明确不一般的或与安全有关的地质条件，如断层、滑坡、落水洞、可溶性岩石等；进一步深化水文地质分析，包括对地下水的潜在影响

场地地质条件

建立各场地的地面资料与地下资料的关系，绘制每一场地的地质图和地质剖面图，评价岩土的地质构造和地质结构，评价试验结果，初步评价地基工程地质条件，描述各场地对建筑物形式选择有影响的地质条件

对地质、土体和工程条件的评价，应该达到可以确定各方案是可行、安全、技术体系完整的程度；而且可以利用勘察成果改进各场地的地质模型。勘察深度应满足设计和假设动力分析的需要；修正环境影响报告

图 2-2　现场初步勘察示意图

建筑物的场地勘察工作深度比重大建筑物和重要工程的勘察深度要求要浅，一般来说，由于这类工程场地是特定的，区域地质研究范围可大大减小。

(b)现场勘察工作应满足特定场地的需要。涉及河道治理和引水渠设计方面的现场勘察工作量以满足能确定被开挖岩土体的种类、基底岩土体渗透性、岸坡稳定性及基层抗冲刷性能为准则。防洪工程的河道稳定性评价见 EM 1110 – 2 – 1418。对于灌渠及滞水渠，渗漏损失可能是个重要问题。现场勘察应该调查是否需要防渗衬砌及是否有衬砌所需要的适用材料。

d. **可行性研究报告的编制**

可行性研究报告应完全按 ER 1105 – 3 – 100 中编写要求编制。岩土勘察成果作为可行性研究报告的一部分，需要详细描述。必须提供足够的资料来说明区域和场地的工程地质条件，以便合理地选择方案、论证工程的安全性，进行包括潜在 HTRW 在内的环境评价，进行初步的工程设计和工程概算。这些资料应以汇总摘要的形式编入可行性研究报告正文，而以附件形式提供详细材料，以便审查、评估。

(1)可行性研究报告应包括区域地质条件、岩土体特性、水文地质条件及地震方面的摘要，以及各方案工程区和建筑物场地的简要工程地质条件。以上摘要应包括该区的地形、地貌形态和变迁、覆盖层厚度及其工程性质、岩层描述、地质构造、岩石风化程度、地下水条件、可能出现的库岸问题、可能的天然建材料场的描述、建筑材料的运输条件、潜在危险有毒具放射性废弃物(HTRW)场址。另外，还应包括特殊的地基问题，如开挖问题、排水问题、低强度地基问题及地基岩体发育洞穴等问题。讨论各方案相关工程地质条件的优缺点并作出结论。

(2)在附件《工程地质勘察报告》中讨论区域地质条件和初步现场勘察成果。区域地质条件的论述应包括图 2-1 所列的项目，此外，还应有地形地貌方面的内容。绘制图件来说明和补充区域地质条件的细节论述，至少应有说明各岩层单元和主要构造空间关系的区域地质图、区域地质剖面图、区域构造纲要图及记录和观察到的历史地震分布图(震中分布图)。Dearman(1991)编写了工程地质图件的制图标准。基于每个详细方案的工程区与场地的工程地质条件都将汇总在可行性研究报告中，因此在附件中只需详细阐述所论述具体方案的区域及场地的地质、基础条件和存在问题，图 2-2 列出了工程区与场地工程地质条件中需要详细阐明大部分的内容，应指出资料来源并包括下列项目内容:

(a)所采用的勘察手段;

(b)工程区和工程场地地质条件(含场地地形);

(c)土、岩石、地基的工程特性和水库区条件;

(d)矿床;

(e)潜在的土、石料场;

(f)建筑材料来源;

(g)结论与建议;

(h)图表。

2－3　施工前工程设计研究

a. **目的**

施工前工程设计(PED)研究基本上是在可行性研究完成后开始的。进行PED研究的目的是进一步确认可行性研究所确定的基本方案,根据现行的标准和价格确定或重新评述工程项目,提出设计报告,以此作为编制施工计划和说明书的基础。PED研究的主要任务和所需的地质资料概况见图2-3。

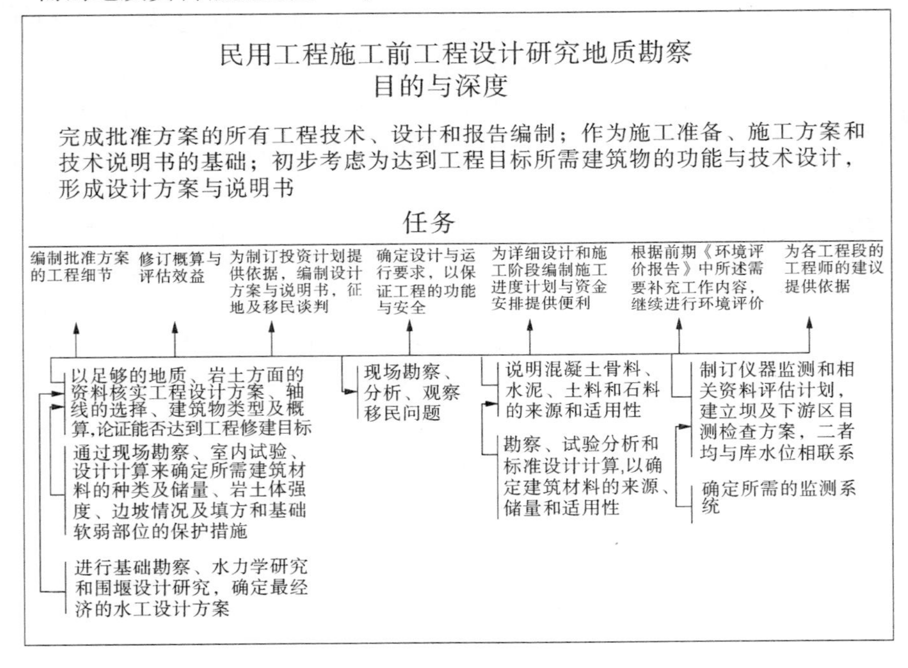

图2-3　施工前工程设计研究大纲

b. **岩土勘察精度**

PED阶段完成的勘察工作量应确保已被批准的设计方案得以完成,重点应放在工程场地的专门地质条件研究上,为选择最适宜的场地和建筑物形式提供详细的、满足精度要求的资料,从而达到工程目标。本阶段工作从主体工程选址研究开始逐步深入到完成各分部建筑物的设计研究，相应的现场勘察工作和室内试验工作见第四章至第七章。

c. 选址研究

该阶段工作目的是为已审批工程选择最适宜的场地提供依据。

(1)准备工作。PED 开始阶段应从全面复核可行性研究阶段所有勘察资料与成果着手。如果可行性研究与 PED 研究时间上相隔较久，联邦或各州岩土勘察单位有可能在这段时间里完成、整编、分析或出版了相当多的岩土勘察成果资料，应该收集这些资料，并与认识上有明显不同的地质条件研究成果联系起来，尤其是地震方面和水文地质方面。

(2)资料收集。大坝、电站厂房和航运建筑物一类的大型工程，在拟建建筑物布置位置方面一般都有备选场地。这一阶段，在制订现场勘察计划之前，应对这些建筑物预选场地作出评价，可行性研究阶段收集到的地质与水力学资料一般已足以完成这项工作。在剔除条件明显差的工程场地后，制订现场勘察工作计划。所需资料的种类及收集方法见图 2-4。勘察计划应侧重于完成地面地质测绘，进一步开展地面物探工作，进一步详细解译遥感资料和扩大地下水勘察的范围。每一处可能的工程场地都应布置足够的钻探工作，来验证地面测绘和物探解读资料的精度。若欲采用圆锥触探试验和标准贯入试验作为地下勘察计划的组成部分，应结合场地的地质条件及其后场地勘察复杂程度考虑其适用性。测定岩土体工程性质指标用的试验样品取样位置应综合考虑，选点要合适。若在可行性研究中指出需要研究地震活动性，那么，就应进行工程地震分析。此时，必须初步估价地震对拟建建筑物的影响，若存在地区活断层，应当进行槽探。工程区与场地工程条件勘察最终成果应能满足可作出可靠工程概算的设计深度的需要。各备选场地的有关资料应全面、充分，以便选址时充分考虑工程地质条件的影响。

(3)选址报告的编制。选址报告应按照 ER 1110 - 2 - 1150 的规定编制。对于一个复杂的工程，选址设计报告可以作为一个单独文件，在 PED 之前编制；或作为 PED 的主要附件之一提出。选址报告中包括的内容目录见图 2-4，辅以适当比例尺的平、剖面地质图，钻孔资料，以及试验和物探资料加以补充。根据目前的条件和标准，充分论证所

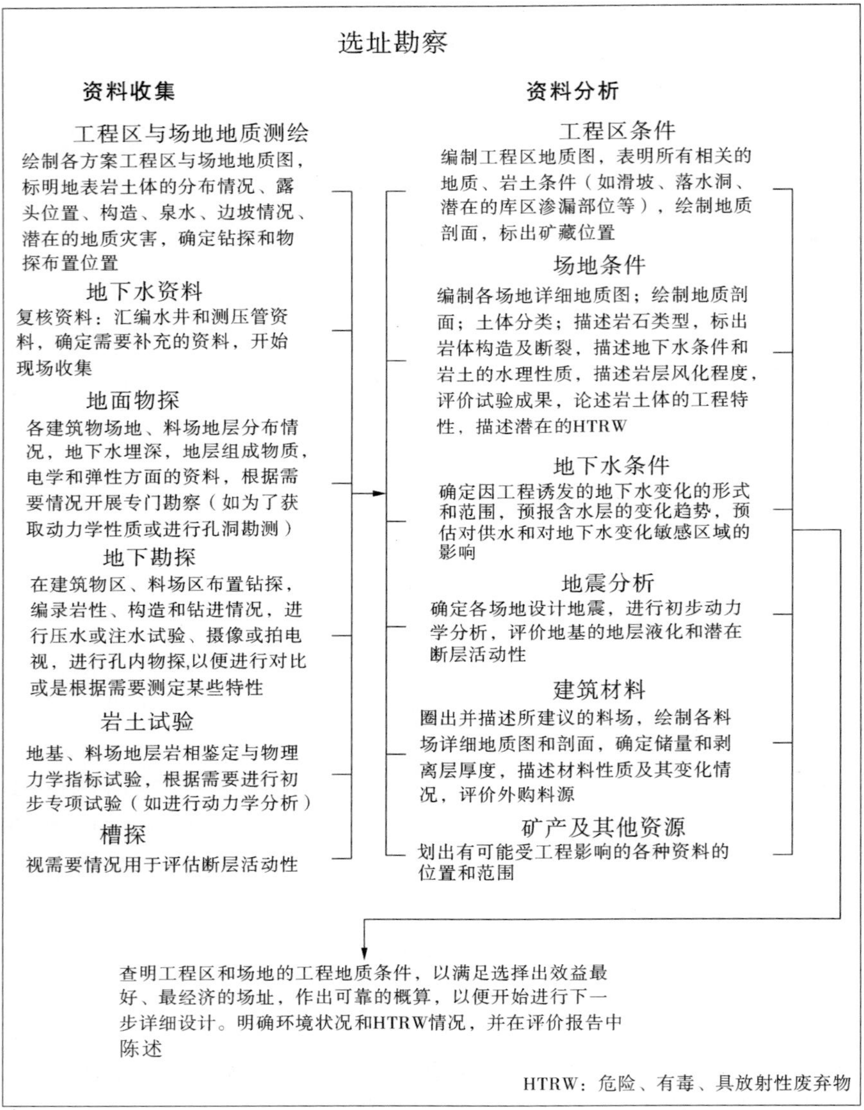

选址勘察

资料收集

工程区与场地地质测绘

绘制各方案工程区与场地地质图，标明地表岩土体的分布情况、露头位置、构造、泉水、边坡情况、潜在的地质灾害，确定钻探和物探布置位置

地下水资料

复核资料：汇编水井和测压管资料，确定需要补充的资料，开始现场收集

地面物探

各建筑物场地、料场地层分布情况，地下水埋深，地层组成物质，电学和弹性方面的资料，根据需要情况开展专门勘察（如为了获取动力学性质或进行孔洞勘测）

地下勘探

在建筑物区、料场区布置钻探，编录岩性、构造和钻进情况，进行压水或注水试验、摄像或拍电视，进行孔内物探,以便进行对比或是根据需要测定某些特性

岩土试验

地基、料场地层岩相鉴定与物理力学指标试验，根据需要进行初步专项试验（如进行动力学分析）

槽探

视需要情况用于评估断层活动性

资料分析

工程区条件

编制工程区地质图，表明所有相关的地质、岩土条件（如滑坡、落水洞、潜在的库区渗漏部位等），绘制地质剖面，标出矿藏位置

场地条件

编制各场地详细地质图；绘制地质剖面；土体分类；描述岩石类型，标出岩体构造及断裂，描述地下水条件和岩土的水理性质，描述岩层风化程度，评价试验成果，论述岩土体的工程特性，描述潜在的HTRW

地下水条件

确定因工程诱发的地下水变化的形式和范围，预报含水层的变化趋势，预估对供水和对地下水变化敏感区域的影响

地震分析

确定各场地设计地震，进行初步动力学分析，评价地基的地层液化和潜在断层活动性

建筑材料

圈出并描述所建议的料场，绘制各料场详细地质图和剖面，确定储量和剥离层厚度，描述材料性质及其变化情况，评价外购料源

矿产及其他资源

划出有可能受工程影响的各种资料的位置和范围

查明工程区和场地的工程地质条件，以满足选择出效益最好、最经济的场址，作出可靠的概算，以便开始进行下一步详细设计。明确环境状况和HTRW情况，并在评价报告中陈述

HTRW：危险、有毒、具放射性废弃物

图 2-4　选址勘察、初步设计阶段工作内容示意图

推荐工程场地的工程地质条件，以避免在PED研究阶段出现由于工程地质问题而修改工程布置方案。

d. **设计勘察**

进入最终设计勘察阶段，在进行现场补充勘察之前，应仔细核查选定方案的所有前期工程勘察设计报告。这些成果可帮助完成工程所涉及的建筑物功能和技术设计方面有关的投资决策，并且为编制施工计划和技术说明提供依据。总体设计勘察工作任务纲要列于图2-5，并讨论如下。

（1）准备工作进入设计勘察阶段（选址后），在开展现场勘察工作之前对所有区域资料和特定场地的工程地质及岩土工程资料都应进行复查。新资料，特别是由联邦或州属的其他单位完成的相关资料，都应收集，并将之汇入原有的资料库中。

（2）资料收集随着工程设计朝着编制施工计划和施工说明书的阶段进展，有关地基及其他设计资料的收集工作要反复地进行，而且要逐步细化。

（a）PED阶段资料收集一般在选址研究阶段，勘探点布置较密集。在土的性质对地基设计影响大的地方，应该开始或进一步采取原状土样，以便进行土的分类及进一步确定土的工程性质参数。对岩石类型及其性状，地质构造，以及工程特性方面的研究深度应能满足基础处理方案的需要。对于挡水建筑物，应进行抽水或压水试验。观测孔和测压管应在勘察初期开始安装，以便观测到地下水位的季节性变化。进一步开展物探工作，包括孔间对穿法。应完成区域地下水及工程地震分析工作。在施工前工程设计完成时，应取得足够详细的关于工程地质条件方面的资料，满足建筑物设计需要，确保工程安全运行。如果整个工程规模不大，不需编制分部建筑物设计报告，那么，必须有足够的地质及岩土资料供编制施工计划和施工技术说明之用。

（b）分部设计阶段（FDM）资料的收集在施工前工程研究（PED）之后，根据工程的复杂性及其规模，往往需要编制各个独立分部建筑物设计报告，如混凝土坝、船闸、泄水建筑物、道路改线和其他类似的工程组成部分。一般地，每个专项报告都需要进行工程地质勘察。这类专项

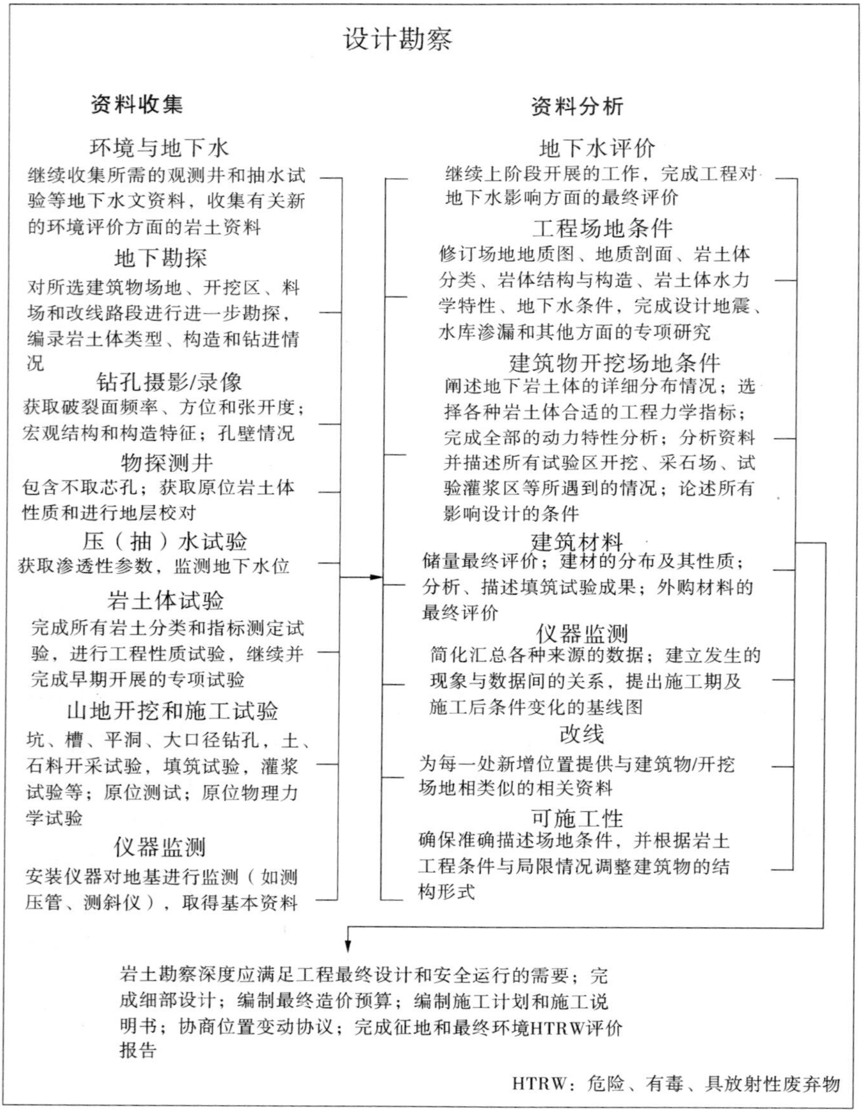

设计勘察

资料收集

环境与地下水

继续收集所需的观测井和抽水试验等地下水文资料，收集有关新的环境评价方面的岩土资料

地下勘探

对所选建筑物场地、开挖区、料场和改线路段进行进一步勘探，编录岩土体类型、构造和钻进情况

钻孔摄影/录像

获取破裂面频率、方位和张开度；宏观结构和构造特征；孔壁情况

物探测井

包含不取芯孔；获取原位岩土体性质和进行地层校对

压（抽）水试验

获取渗透性参数，监测地下水位

岩土体试验

完成所有岩土分类和指标测定试验，进行工程性质试验，继续并完成早期开展的专项试验

山地开挖和施工试验

坑、槽、平洞、大口径钻孔，土、石料开采试验，填筑试验，灌浆试验等；原位测试；原位物理力学试验

仪器监测

安装仪器对地基进行监测（如测压管、测斜仪），取得基本资料

资料分析

地下水评价

继续上阶段开展的工作，完成工程对地下水影响方面的最终评价

工程场地条件

修订场地地质图、地质剖面、岩土体分类、岩体结构与构造、岩土体水力学特性、地下水条件，完成设计地震、水库渗漏和其他方面的专项研究

建筑物开挖场地条件

阐述地下岩土体的详细分布情况；选择各种岩土体合适的工程力学指标；完成全部的动力特性分析；分析资料并描述所有试验区开挖、采石场、试验灌浆区等所遇到的情况；论述所有影响设计的条件

建筑材料

储量最终评价；建材的分布及其性质；分析、描述填筑试验成果；外购材料的最终评价

仪器监测

简化汇总各种来源的数据；建立发生的现象与数据间的关系，提出施工期及施工后条件变化的基线图

改线

为每一处新增位置提供与建筑物/开挖场地相类似的相关资料

可施工性

确保准确描述场地条件，并根据岩土工程条件与局限情况调整建筑物的结构形式

岩土勘察深度应满足工程最终设计和安全运行的需要；完成细部设计；编制最终造价预算；编制施工计划和施工说明书；协商位置变动协议；完成征地和最终环境HTRW评价报告

HTRW：危险、有毒、具放射性废弃物

图 2-5　选址后设计勘察阶段工作任务示意图

勘察进一步深化已有勘察成果，但局限于所研究建筑物的特定范围之内。本阶段勘察研究进一步加强地下勘探工作，可能包括大口径钻孔，圆锥触探试验和标准贯入试验，试开挖、试回填和灌浆试验，详细的试验室试验，试桩和载荷试验，以及其他能解决 PED 研究阶段所提出项目或问题的勘察方法，如地下渗漏、动荷载和稳定性方面的详细评价。对于需要大量混凝土骨料和防护用块石料的大型工程，应编制单独的建筑材料设计报告。建材勘察应在施工前设计研究初期开始，在分部设计研究阶段的早期完成，以便能合理地设计需要这些建材的主要建筑物。分部设计研究（FDM）完成时，所有的工程地质要素及问题均应予以查明和解决。这样，反映场地地质条件和岩土设计参数的最终设计得以完成，从而可开展编制施工计划和施工技术说明书工作。

（3）设计勘察成果报告应完全根据 ER 1110 - 2 - 1150 中的有关报告编写要求进行编制。在许多情况下，工程的复杂性及其规模要求将勘察资料编入总体设计报告（GDM）和一系列分部设计报告（FDM）中。设计勘察报告是评估项目可建性、完成最终设计和编写施工计划与说明书的基础。

（a）总体设计报告（GDM）作为工程设计研究组成部分而进行的所有基础勘察及设计勘察成果，都要汇总在总体设计报告中，并在其附件中详细描述。根据最新资料全面论述区域地质、构造稳定性、水文地质和工程地震参数研究。如前所述，如果不单独出报告，那么选址研究阶段勘察报告就应作为总体设计报告的附件提出。当不进行分部设计时，总体设计报告所包括的地质及岩土资料应能满足编制施工计划及施工技术说明书之用。GDM 应辅以地质图、剖面图、钻孔、试验及物探资料，以及有关地震、地下水、天然建筑材料的专项研究来补充说明其内容。

（b）分部设计报告（FDM）各分项设计报告中所论述的工程地质方面内容应与总体设计报告的内容相符，不过，只是阐明与分部设计报告特定目标有关的地质资料，辅以地质图、剖面、钻孔、试验及物探资料进行论述。具有明显重要性的工程地质报告方面的设计报告主要有：

（Ⅰ）场地地质条件；

（Ⅱ）混凝土骨料或护坡石料；

（Ⅲ）坝体和基础；

（Ⅳ）泄水建筑物；

（Ⅴ）溢洪道；

（Ⅵ）船闸；

（Ⅶ）仪器监测与检查项目；

（Ⅷ）水库初期蓄水与监测计划；

（Ⅸ）进水口建筑物；

（Ⅹ）改线（道路和桥梁）。

e. 施工计划和说明书的编制与评价

（1）招标、施工和运作的可操作性复核。根据 ER 415 –1 –11 进行施工可操作性复核。施工可操作性研究包括评估设计、场地、建材、方法、技术、进度和场地条件等方面的一致性、资料的详细程度，以及审核清除设计误差、设计漏项和意义不明确处，由区段主管机构负责组织岩土工程人员、施工人员和工程设计人员进行审核，以改善施工设计的可操作性。复核时间安排在编制施工计划和施工技术说明书初稿时进行，因此不需要对基础和坝体设计、仪器监察方面的重大变化，或者对于影响工程进度的有关地质条件方面的变化负责。

（2）施工计划和施工说明书的编制。根据 ER 1110 –2 –1200编制施工计划和说明书。计划和说明书中应包括准确的场地条件描述，注意描述或消除有可能延误工期或引起索赔的相关条件，应包含承包区内所有钻孔的图件资料，说明钻孔位置。物探、水文地质勘察等代表现场勘察真实情况的资料应以一种便于利用的方式提供，最好是 GIS 形式。基于室内试验资料的数量可能很大，凡是没有在钻孔柱状图或以表格形式标明的试验成果必须向所有有意向的承包商说明相关资料的出处。还应提供测绘资料、照片和前期出版的地质报告与设计文件。

（3）岩土工程设计综合报告。一些工程的地质因素及其处理方式对工程而言极为重要，这类工程有可能需要编制岩土工程设计综合报告，并将之作为招标文件的一部分。在这种文件中，提供设计方案假定条件和资料解释成果，是为了阐明工程施工期的设计意图。

2－4 施工阶段

a. 目的

有些工程为了使编制的施工计划和说明书与工程设计相一致，要进行诸如填筑试验或开挖试验等工作。编制施工计划与施工说明书是为了确保施工质量和记录真实的施工条件。

b. 岩土工作内容

工程施工期的岩土工作可分为三个方面：施工管理、质量保证和编制综合报告。

c. 施工期岩土工作的执行

施工期岩土工作的指南见以下工程规范：ER 415－2－100，ER 1110－2－1200，ER 1110－2－1925 和 ER 1180－1－6。施工期工作见图 2-6 并分述如下：

（1）施工管理。施工管理及实施方针按照 ER 415－2－100 执行。工程师团的目标是建设完成高质量工程。实现这一目标的关键是由一批训练有素的职员组成一个有效的施工管理系统。职员的技术专长应适用于所承包的施工工程类型，但必须具备清基、岩土体开挖、土石坝填筑和混凝土浇筑及质量控制，以及灌浆等方面的专业技术。

（a）索赔与变更。不管施工前完成了多少地质勘察工作，一项综合性工程难免会出现场地条件预测不完全准确，存在索赔与变更问题。因此，需要进行补充勘察，并为所有索赔和变更提供设计与费用估算方面的资料。

（b）现场质量检验。所有工程，特别是那些规模很小而没有必要设地质设代的工程项目，质检人员必须经常到现场核实场地条件是否与分部设计中所采用的条件相一致，并协助施工人员解决任何影响施工的问题。将所有现场考察记录下来，整理成文件形式（包括大量的照片和录像资料），并编入综合报告的合适章节中。

（2）质量保证和质量管理。质量保证是政府的责任，需执行 ER 1180－1－6标准。委派的岩土工程人员的责任是检查、观察和记录有关基础、填筑、开挖、隧洞及天然建筑材料施工活动中的所有方面。

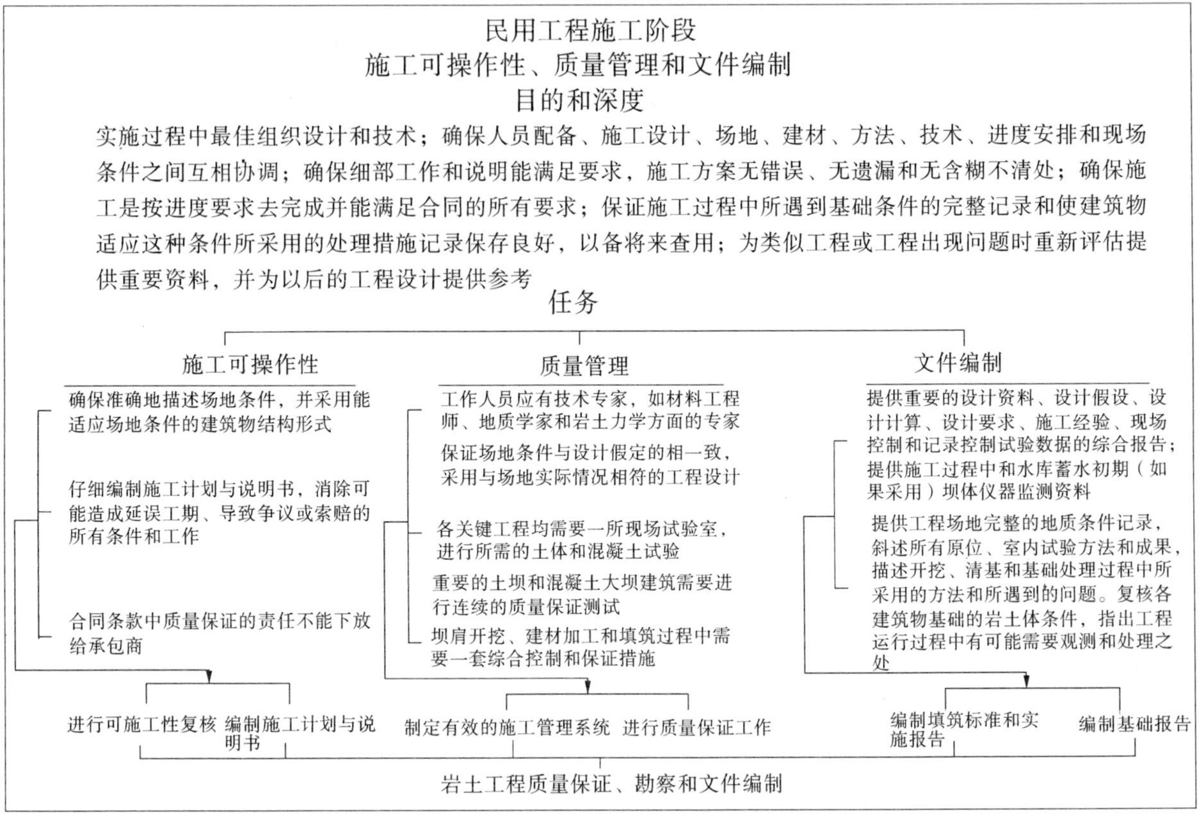

民用工程施工阶段

施工可操作性、质量管理和文件编制

目的和深度

实施过程中最佳组织设计和技术；确保人员配备、施工设计、场地、建材、方法、技术、进度安排和现场条件之间互相协调；确保细部工作和说明能满足要求，施工方案无错误、无遗漏和无含糊不清处；确保施工是按进度要求去完成并能满足合同的所有要求；保证施工过程中所遇到基础条件的完整记录和使建筑物适应这种条件所采用的处理措施记录保存良好，以备将来查用；为类似工程或工程出现问题时重新评估提供重要资料，并为以后的工程设计提供参考

任务

施工可操作性

- 确保准确地描述场地条件，并采用能适应场地条件的建筑物结构形式
- 仔细编制施工计划与说明书，消除可能造成延误工期、导致争议或索赔的所有条件和工作
- 合同条款中质量保证的责任不能下放给承包商

→ 进行可施工性复核　编制施工计划与说明书

质量管理

- 工作人员应有技术专家，如材料工程师、地质学家和岩土力学方面的专家
- 保证场地条件与设计假定的相一致，采用与场地实际情况相符的工程设计
- 各关键工程均需要一所现场试验室，进行所需的土体和混凝土试验
- 重要的土坝和混凝土大坝建筑需要进行连续的质量保证测试
- 坝肩开挖、建材加工和填筑过程中需要一套综合控制和保证措施

→ 制定有效的施工管理系统　进行质量保证工作

文件编制

- 提供重要的设计资料、设计假设、设计计算、设计要求、施工经验、现场控制和记录控制试验数据的综合报告；提供施工过程中和水库蓄水初期（如果采用）坝体仪器监测资料
- 提供工程场地完整的地质条件记录，斜述所有原位、室内试验方法和成果，描述开挖、清基和基础处理过程中所采用的方法和所遇到的问题。复核各建筑物基础的岩土体条件，指出工程运行过程中有可能需要观测和处理之处

→ 编制填筑标准和实施报告　编制基础报告

岩土工程质量保证、勘察和文件编制

图2-6　施工期岩土工作任务大纲

图 2-7 列表说明岩土工程方面一些需要质量保证的项目。

民用工程施工阶段
施工可操作性、质量管理和文件编制
岩土工程项目质量保证

场地开挖

- 平整场地
- 排水
- 覆盖层
- 基岩
  - 爆破模式/过程
  - 粉碎
  - 岩壁破坏控制
- 边坡稳定性
- 支护
- 初步清基
- 表层保护

坝基(肩)处理

- 地下
  - 帷幕灌浆
  - 铺盖灌浆
  - 固结灌浆
  - 沉箱、防渗槽、防渗墙等
- 表层
  - 最终清基
  - 混凝土塞
  - 喷混凝土
  - 灰浆灌浆
- 排水
  - 排水洞
  - 排水孔
  - 减压井

填筑

- 料源
- 材料填筑
- 控制试验
- 斜坡稳定
- 渗漏控制
- 导流和截流

图 2-7　需要仔细列出质量保证方法的岩土工程项目表

(a)为了确保已完工程能通过验收和核实试验程序与结果的质量控制情况,要进行质量保证试验。对于大型工程,需要有现场试验室,以进行岩土体和混凝土的现场试验。在工程施工过程中,岩土工程质量保证人员可以收集到可观的资料。这些资料一般包括地基编录和处理资料,坝体填筑资料、灌浆记录、材料试验资料,打桩记录和仪器监测成果。需要进行专门处理和存在问题的区域,一般需要作合同变更,必须作好记录。

(b)在工程施工初期,岩土人员应开发一套资料分析存储系统,最好是能用于监测施工活动的系统。灌浆数据库软件包(Vanadit – Elliset al,1995)是存储、显示钻孔资料、钻进过程、压水试验和现场灌浆数据的选项屏驱动程序,以个人计算机为平台开发。仪表数据库软件包(Woodward – Clyde 咨询公司,1996)为选项屏驱动程序,以个人计算机 Windows 为操作平台，用于存、取、成图与施工控制有关的仪器监测数据。GIS 为监控、分析一项工程从规划阶段至运行维修期各方面资料一种有效、综合的手段，岩土工程资料（数据层）可作为数据库管理和分析程序的一个重要组成部分，一套 GIS 为计算机软、硬件、地理数据和个人设计程序的有机组合，用于有效地收集、存储、更新、应用、分析和显示地理方面的相关资料。

（c）施工勘察及其成果报告编写方面总的流程图见图 2-8。如图 2-8所示，GIS 为指定的三维数据编辑、分析系统。

（3）施工地质报告与土石坝设计报告。

（a）编写施工地质报告的目的是确保对施工中所遇到的地基条件和所采用的施工处理方法作完整全面的记录，以备将来查用。施工地质报告是一份重要文件，可用于：评估施工索赔、计划地基处理补充工作量；评价基础或建筑物可能失事的原因，并设计补救措施，防止建筑物失事或部分破坏；规划、设计建筑物所需的重要修复或修改方案；为将来类似地质条件下建筑物的工程勘察策划和预测地基问题提供指南。工程开工后，负责施工地质报告的岩土工作人员应尽早开始编制报告的提纲，这样该报告就可以由参加施工的人来共同完成。该报告的编写需要设计、施工人员的共同协作，报告内容中应含有详细的地基条件录像记录。

（b）大型的土石坝，要编写一份土石坝施工设计报告，其中汇总重要的设计数据、设计假定、设计计算、技术规范要求、施工设备和程序、施工经验、现场及记载的控制试验资料，以及施工期和蓄水初期仪器监测到的土石坝运行状况。该报告可以使工程师们找到熟悉该工程所需要的重要资料；当土石坝出现不正常运行事件时，可对之进行重新评估，并为类似工程的设计提供指南。报告必须由掌握该工程设计和施工第一手资料的人员来审批。报告应在施工过程中编写并在工程完工后尽快完成。

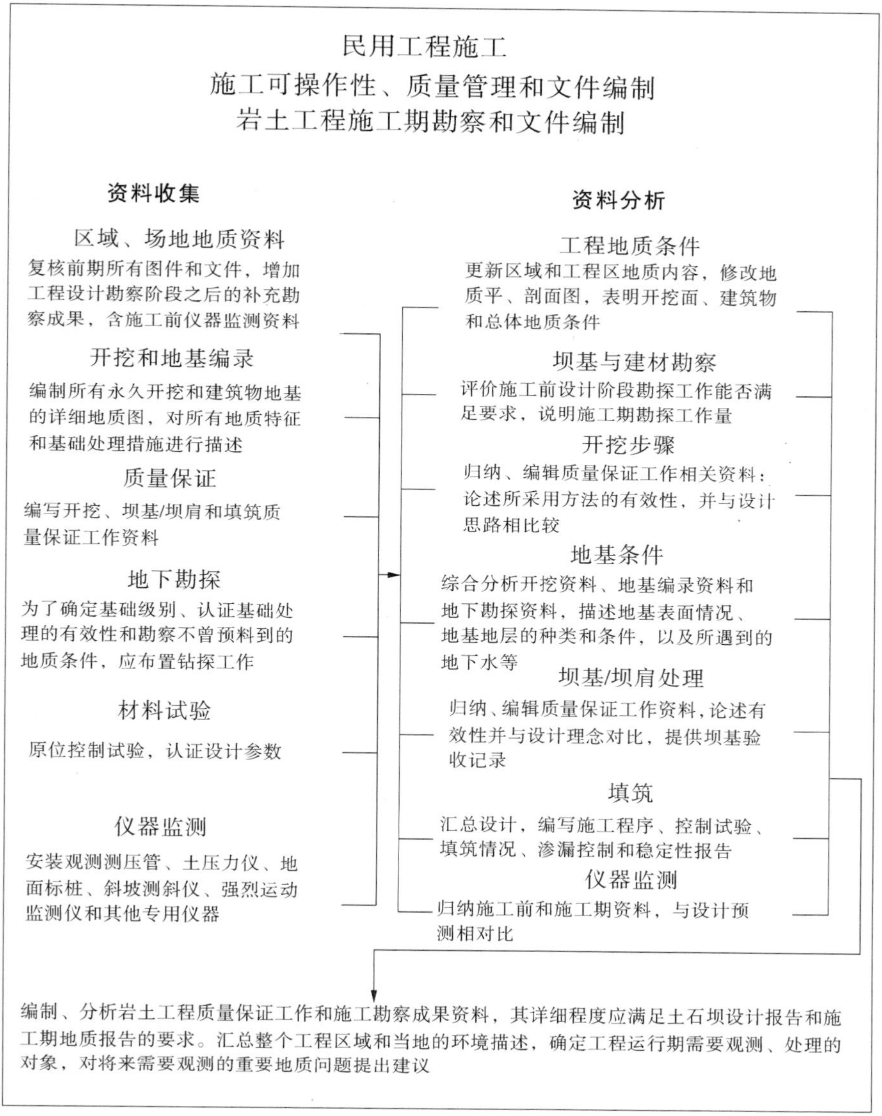

民用工程施工

施工可操作性、质量管理和文件编制

岩土工程施工期勘察和文件编制

资料收集

区域、场地地质资料

复核前期所有图件和文件，增加工程设计勘察阶段之后的补充勘察成果，含施工前仪器监测资料

开挖和地基编录

编制所有永久开挖和建筑物地基的详细地质图，对所有地质特征和基础处理措施进行描述

质量保证

编写开挖、坝基/坝肩和填筑质量保证工作资料

地下勘探

为了确定基础级别、认证基础处理的有效性和勘察不曾预料到的地质条件，应布置钻探工作

材料试验

原位控制试验，认证设计参数

仪器监测

安装观测测压管、土压力仪、地面标桩、斜坡测斜仪、强烈运动监测仪和其他专用仪器

资料分析

工程地质条件

更新区域和工程区地质内容，修改地质平、剖面图，表明开挖面、建筑物和总体地质条件

坝基与建材勘察

评价施工前设计阶段勘探工作能否满足要求，说明施工期勘探工作量

开挖步骤

归纳、编辑质量保证工作相关资料；论述所采用方法的有效性，并与设计思路相比较

地基条件

综合分析开挖资料、地基编录资料和地下勘探资料，描述地基表面情况、地基地层的种类和条件，以及所遇到的地下水等

坝基/坝肩处理

归纳、编辑质量保证工作资料，论述有效性并与设计理念对比，提供坝基验收记录

填筑

汇总设计，编写施工程序、控制试验、填筑情况、渗漏控制和稳定性报告

仪器监测

归纳施工前和施工期资料，与设计预测相对比

编制、分析岩土工程质量保证工作和施工勘察成果资料，其详细程度应满足土石坝设计报告和施工期地质报告的要求。汇总整个工程区域和当地的环境描述，确定工程运行期需要观测、处理的对象，对将来需要观测的重要地质问题提出建议

图 2-8 施工阶段岩土勘察及文件编制纲要图

第二节　军事工程

2－5　概述

为陆军军事工程建设(MCA)、空军及其他军事工程进行的开发项目,从最初方案的确定,到国会根据法律拨款和施工完成,都需要进行一系列岩土工程勘察工作,如表2-1所示。关于防核武器设施之类设计阶段的勘察,需要以TM 5－858－3的相应内容作为本手册指南的补充。军事工程施工方面的资料见ER 1110－3－110。

表2-1　工程不同设计阶段岩土勘察内容

设计阶段		岩土勘察
军用工程	民用工程	
预方案设计与选址研究	踏勘与可行性研究	全面收集文献资料,完成区域地质勘察,开展野外踏勘和初步地质勘察
最终设计研究	施工前工程设计研究总体设计报告和分部设计报告	复核区域地质,选址勘察,地基和设计勘察
施工期	施工期	复核施工可操作性,质量保证和施工完成后文件编制

2－6　预方案设计及选址研究

a. 目的及深度

预方案设计资料的整编在MCA项目开发流程的头一年进行。在这一年,大军区司令部(MACOMS)将编制年度计划,安排优先项目并提出计划。初期工作包括编制项目开发说明书(PDB),其内容包括建设项目规划、预算和初期设计所需要的资料。初期PDB对自然条件作了概述,并提供有关工程资料和场地条件。最初的表格DD1391包含了工程的初步资料，包括初步场地调查和地下条件的估计，初步场地调查应核实拟建工程区是否有可能存在HTRW（有害废弃物）问题。在陆军部批准初期PDB后，编制第二期PDB，通常由军分区来完成，它包括用户的要求与完整的场地与设施论证资料。一般的地下地质条件和基础的特殊要求，如深基础或对地基需进行特殊处理等均包含在第二期PDB中。预方案设计和选址研究应控制在批准的PDB预方案设计范围之内，包括造价估算和必要的参考数据。

b. 岩土勘察工作量

预方案设计阶段勘察工作应以获得足够的资料为准，由军分区勘察单位来完成，勘察成果应能满足在区域自然条件背景下选择最优场址，确定与场地条件最相适宜的建筑物总体型式，评估岩土工程方面的环境影响，确定工程造价。勘察精度不应超过达到这些目标所需要的深度。现有的军事设施改、扩建工程，预方案设计所需的绝大多数资料已收集到，需要增加的勘察工作量将是很少的。在没有现成资料可以利用的地方新建工程，勘察精度要求与民用工程可行性研究阶段的要求相似，但重点应放在与每个工程的规模和特殊要求有关的特定场地参数上。

c. 报告编制

岩土工程勘察成果将被反映在第二期PDB及表格DD1391中。钻探、试验成果和特殊勘察成果应编入综合报告中。

2－7　方案设计研究

a. 目的与深度

方案设计研究在最终设计开始之前提供图纸和资料，占整个设计工作的35%左右。目的是确定设施的功能，并为军分区工程师进一步计算工程造价和最终设计提供确凿的基础资料。内容包括工程场地平面图、建筑材料、施工方法，以及建筑物和地基的典型剖面。方案设计完成于项目开发计划的设计年度，并以其成果编制工程预算。预算资料反映实际施工要求，并根据目前情况评估该工程。这项资料用于议会的预算意见听取会。

b. **岩土勘察工作量**

方案设计研究阶段勘察工作应由军分区勘察单位来完成，工作安排应以能提供类似于预方案设计研究阶段所包括的资料为准，但应进一步提高其精度和详细程度，以满足设计和编制预算的需要。

c. **报告编制**

岩土勘察成果编入达到35%设计研究程度的设计分析报告中，重点应放在基础型式的选择和地质条件的影响。

2－8　最终设计研究

a. **目的和深度**

最终设计研究提供一套完整的工程施工图件，并附上所有相应建筑物、场址和工程细部的技术说明、设计分析及详细的造价预算。这些资料用于施工投标，并作为施工合同文件。

b. **岩土勘察深度**

最终设计阶段的岩土工程勘察应由军分区勘察单位来完成，提供比预方案设计和方案设计阶段更进一步的资料，为完成最终设计服务。有关经济设计、环境影响和施工进程的细节研究都应完成。勘察深度相当于民用工程的总体设计阶段。

c. **报告编制**

岩土勘察成果包含在最终设计分析中，除重点放在分析基础型式选择和基础设计细节上外，内容应该与民用工程总体设计阶段相类同。

2－9　施工期工作

a. **岩土勘察深度**

除质量控制试验外，施工过程中遇到特殊的情况或问题时，也需要进行勘察工作。这些工作用于证实设计假定条件，分析地质条件的变化、确定特殊处理措施、分析事故，以及提供新的建筑材料料源。

b. **报告编制**

如大工程或特殊工程所要求，将勘察成果编入专门的综合报告中。

第三章　区域地质调查和场地踏勘

3－1　概述

进行区域地质和场地踏勘勘察是为了研究工程区的区域地质并确定早期场地勘察的范围。勘察步骤及评估区域地质条件需要收集的资料见图2-1。初期的地质工作和场地踏勘是通过单位之间的协调与合作，从私营、联邦、州和地方单位收集已有的地质背景资料，然后全面查阅、分析已有资料，确定其可利用性和存在的不足之处。通过对上述资料的审查，以确定可用资料是否充分。通过对地质资料进行分析，明确针对该场地哪些项目需要进行长期性研究（如地下水及地震活动性），预先作好计划，尽早着手进行。初期地质工作完成后再进行现场踏勘工作，以调查室内研究所确定的重要地质要素和可能存在问题的区域。现场考察的目的是补充背景资料，并确定补充勘察内容。

a. 地质模型

利用经过分析有用的地质背景资料和现场踏勘成果建立每个场地的初步地质模型。该模型将随着勘察的进行而不断修正，应表明将影响工程布置型式的所有地质现象的可能位置和类型。在初期地下勘探工作开始之前，应根据初步的地质、地震、水力学和经济分析成果，确定最佳的场地位置。有序安排各项工作并结合GIS，可以减少费用，提高成果的可靠性。

b. 小型工程

有许多民用工程因其规模很小，不会进行如下所列的全面现场勘察工作。对于规模较小的项目，重点应放在整理和分析已有的资料、遥感图片、现场钻探和施工开挖所取得的地质资料。勘察过程中重要的岩土工程资料应由地质学家或岩土工程师来记录。现场具地质或岩土工程背景的人员拍摄的大量照片和录像可以作为现场勘察的合理证据。

第一节 资料收集与协作

3-2 单位间的协作

来自其他单位的背景资料,有可能对工程的经济、安全和可行性有很大的影响。勘察初期,工程的地质人员对区域地质和工程区的地质条件可能不熟悉。资金有限,而需要研究的内容很广(例如:经济、不动产调查、环境、水文和地质)。由于上述原因,应该与联邦、州及地方机构联系,收集与工程有关的地质资料。已经建立与美国地质调查所(USGS)的正式协作关系,如下文所列。此外,也应保持与州地质调查所之间的非正式协作,因为从这些机构往往可以收集到关键的地质资料和技术资料。其他也有可能提供有价值资料的机构如下所列。

a. 与 USGS 的协作

1978 年 10 月 27 日与 USGS 签订的有关资料交换的谅解备忘录(MOU),确保了在工程规划及设计阶段将所有地质要素考虑在内。MOU 中所含的三项主要内容为:

(1) USGS 向工程师团提供与选址和设计有关的区域地质、工程区地质、地震和水文方面的现有资料及勘察研究成果。

(2) USGS 向工程师团提供研究得比较透彻地区的地质、地震、水文地质演变,以及工程场地和区域地质问题方面的建议。

(3) 工程师团向 USGS 提供地质、地震及水文方面的勘察成果资料。

当开始规划一项新的工程或重新开始一项暂停工程的规划研究时,MOU 要求以书面形式通知 USGS。通知应说明研究的地点和该工程需要哪些地质、地震及水文方面资料。

b. 其他机构

联系、拜访以下机构,可以从已出版的图件、报告及目前正在进行的未出版的工程资料中收集到有用的岩土资料。

(1)联邦机构。

(a)农业部—林业局—水土保持管理局；

(b)能源部；

(c)内政部—印第安事务局—土地管理局—垦务局—鱼类及野生动物管理局—地质调查所—国家公园管理局—国家生物管理局；

(d)运输部，联邦公路管理局，区域和州分局；

(e)环境保护局地区办公室；

(f)原子能规章委员会；

(g)田纳西流域管理局。

(2)州机构。

(a)地质调查部门、自然资源局和环境管理局；

(b)公路局。

(3)市政工程及给、排水管理局。

(4)州立及私立大学(地质及土木工程系)。

(5)私有矿产、石油、天然气、砂料及砾石料公司。

(6)岩土工程公司。

(7)环境评估公司。

(8)专业协会出版物。

3-3 现有资料的分析

通过认真查阅已出版和未出版的论文、报告、图、记录，通过与USGS、州地质与岩土公司以及州和地区其他机构磋商，可以获得与工程有关的资料和数据。对这些资料进行评估，确定其在工程不同设计阶段的可用性，及早地明确其不足之处及存在的问题，制订获取所需资料的工作计划，以节省时间和费用。特别是大型工程，大部分资料汇编成高效的GIS形式。表3-1汇总了地形、地质和专门性图件及地质报告的来源。大多数州负责管理水井的安装与运行，并有多年井水数据库。井的种类有市政用井、工业用井、家庭用井或勘探井和石油井，一般可获得的资料有安装日期、滤网间隔、安装者姓名、深度、位置、所有者和报废资料。也有可能还有地层柱状图，个别还有出水量和水质方面的资料：

表 3-1 地质资料来源一览表

机构	资料种类	简述	备注
USGS	地形图	美国7.5分系列1:24000(取代1:31680),波多黎各7.5分系列1:20000(取代1:30000),伏古岛1:24000系列。 美国15分系列1:62500(阿拉斯加为1:63360)。 美国1:100000系列(方形板,县或区域版)。 美国1:50000比例尺县图系列。 美国1:250000数字化高程模式:全美国1:250000,个别地区为1:100000和1:24000。 部分地区1:24000、1:65000、1:100000水文地理、交通、边界和地势方面的数字化线图	单色正方形正射相片图和彩色红外线图也出版成7.5分及15分系列,有1976年为准的各州图纸索引。目前测图状况可从USGS的区域办公室及USGS月刊《USGS新出版物》中了解到。通过ESIC(1800USA MAPS)获得USGS的地形、地质资料
USGS	地质图及报告	1:24000(1:20000波多黎各),1:62500、1:100000和1:250000方形图系列,包括地表基岩分布图和标准(地面及基岩)地质图。新版1:500000和1:2500000图上还标有主要滑坡区	各州地质图新索引始于1976年。定期出版各州地质图与报告目录
USGS	其他地质图及报告	滑坡敏感程度分级、膨胀土、工程地质、水资源及地下水	杂项勘察系列和杂项现场研究系列图件与报告没有具体编目,大多为公开性文件报告

续表 3-1

机构	资料种类	简述	备注
USGS	专门性图件	1:7500000 和 1:1000000 美国灰岩资源、溶解法采矿引起的沉陷,第四纪地层年代、岩性分布图,芝加哥、伊诺斯、明尼苏达、明尼阿波立斯地区第四纪地质图	
USGS	水文图件	水文勘察图集,比例尺多为 1:24000,包括水的分布、洪泛区、地表水系、降水、气候、地质、地表水和地下水的可用性,水质及其用途与河流特性	有些图标出地下水等水位线及井位
USGS	地震灾害	各州的地震分布图(从 1978 年缅因州地震开始),断层带的现场研究,美国东部震中位置的推断,密西西比河地区地震灾害,地面强震活动资料分析,专题研讨	国家强震监测网,国家地震资料管理局按月列出震中位置(世界范围)。这些资料可从 ESIC (1800USAMAPS) 获得
USGS	矿产资源	基岩及地面测绘;工程地质勘察,美国电站图(已建、在建的和规划中的电站位置及型式),怀俄明州东部波达河流域以东地下矿藏开采造成地面沉陷的 7.5 分方形地质图及报告	
USGS	书目	《北美地质书目》(USGS,1973)	USGS 专业论文
美国地质学会	书目	(美国地质学会)打印副本《地质书目及索引》至《地质参考》数字索引(USGS,1973)	1977 年至今,12 期月刊及年总索引

续表 3-1

机构	资料种类	简述	备注
国家海洋与大气委员会（NOAA）	地震灾害	科罗拉多州的国家物探中心有大量的地震灾害资料（303－497－6419）	
国家太空总署（NASA）	遥感资料	地球资源（探测）卫星、空中实验室图像	
NOAA	遥感资料		
地球观测卫星	遥感资料		
美国渔业与野生动物机构（FWS）	湿地	1:24000 国家湿地总量平面图，有大多数美国毗邻地区	平面图或聚酯覆膜图
USGS	洪泛区图	陆军工程师团未报告或未筑堤防护地区的 1:24000 洪泛平原轮廓图	1966 年第 89 届二次国会文件 465
USAEWES	地震灾害	美国地震灾害评价论文集，其他论文 S－73－1	1973 年至今，共 29 份报告
国家资源保护服务处（NRCS）	土壤调查报告	以照片镶嵌图为底图的各县 1:15840或 1:20000 土壤资料图。新近报告中有测区土体的工程试验资料、地下水和基岩埋深，土壤剖面、颗粒组成，土的工程性质和特殊性质。有许多地区的新近航空照片，部分地区有 1:7500000、1：250000、1：31680 和1:12000数字化土壤图	自 1957 年以来的报告中有土体的工程用途，母岩、地质成因、气候、自然地理背景及剖面

续表 3-1

机构	资料种类	简述	备注
州地质机构	地质图及报告	州县地质图,矿产资源图,膨胀土之类的专用图件,期刊和专题论文,水井柱状图,水资源和地下水研究	每年出版的图及报告目录,通过直接与州地质工作协作工作可取得的未出版资料
国防部测绘局(DMA)	地形图	标准比例尺为 1:12500、1:5000、1:250000 和 1:1000000 外国及世界范围图件,含照片地图	DMA 有图纸索引
美国石油地质学家协会	公路地图系列	比例尺约为 1 in 等于 30 mi,表明地表地质,包括广义年代和岩石单元柱状图、地貌图、构造图,地质历史汇总及剖面	已出版包括阿拉斯加和夏威夷在内的 12 幅区域图
田纳西流域管理局(TVA)	地形图、地质图及报告	标准 7.5 分 TVA—USGS 地形图,工程蓄水区地图;与施工工程有关的大比例尺库区地形图、地质图和报告	与 TVA 联系可取得所需的资料
垦务局(USBR)	地质图及报告	规划及设计研究阶段编制的图纸和报告	有当前工程及主管工程师清单,许多大坝资料可通过馆际借出或从水道实验站取得
农业稳定与保护局航片现场工作室(APFO)	航空照片	APFO 有全美国航片,特别是某地的不同时期拍摄的航片	从 801 - 975 - 3503 获取

续表 3-1

机构	资料种类	简述	备注
USGS 地球资源观测系统(EROS)中心(EDC)	航片方面	EDC 收藏国家最多的航、卫片图像	从 605－594－6151 或 1800USAMAPS 获取
人造卫星定位及跟踪(SPOT)	遥感图像	可购买法国 SPOT 高分辨率多谱段卫片	与 800－275－7768 联系购买 SPOT 图像

第二节　图件和遥感资料的分析

3－4　图件分析

在开展现场踏勘和勘探工作之前，分析已有的各种图件，如地形图、地质图、矿产资源图、土壤图和其他专用图件，可获得地质资料并了解区域地质。Dodd、Fuller 和 Clark(1989)描述了各种图件的类型及其用途。

a. 工程资料基本图件

用于定义一套 GIS 三维空间的主要参考底图有地形图、航片(数字化正射图片)、测量标石控制点、地表/地下地质图、土地利用图、海底地形图和各种格式的遥感数据。利用摄影测量方法和 GIS 可生成特定工程平面图、数字地形模型(DTMs)和数字高程模型(DEMs)。利用 DTM 通过内插法可绘出地形等高线图、生成模型区二维(等高线)或三维(透视图)地形图、计算出土方工程量和绘制沿任意一条线的剖面图。

(1)将地面勘察和地下勘探所取得的岩土资料输入到 DTM，形成可生成地质剖面和二维或三维地层界面的空间数据库，要求引用资料定位准确，全球定位系统（GPS）技术为完成这项工作提供了一套快速且可靠的方法（EM 1110－1－1003）。但是，即使有了GPS，测量时仍必须将测量标石和基准点作为控制点。国家测量局（NOAA）有整个美国的基准点和黄铜桩资料。工程师团工程的标石安装和登记指南与标准见EM 1110－1－1002。

（2）利用GIS可简化区域和场地岩土勘察，提高工作效益，主要表现在：

（a）核实已有资料，满足现阶段要求还需要补充哪些新资料；

（b）通过对不同层次的资料进行归纳合并，评估重要参数的通用性和设计方案或场地的兼容性；

（c）得出数据组合和分类的定量值及相关性，例如计算给定场地上的建筑物某种基础型式产生地基液化的可能性，在这一方面，改进后的GIS数据库可用于岩土工程方面定量计算某一设计方案和假定条件的可靠性与不确定性。Burrough（1986）、ESRI（1992）、Intergragh（1993）和Kilgore、Krolak及Mistichelli（1993）论述了GIS的应用。

b. 地形图

地形图提供地形、水系、边坡、大泉水和湿地的位置、采石场、人工开挖边坡（用于现场地质观测）、矿山、公路、居民区和耕地方面的资料。测图和相关数据的要求见EM 1110－1－1005。在矿山区域，如果有老的地形图，通过新老地形图对比，可得出废井、回填矿坑等位置。许多地形图为数字化格式，可用计算机分析和处理，如可购买到全幅的7.5分（1:24000）地形图图像文件，数字高程图（DEM）上有高程点的规则网格，用户可利用其生成各种显示形式的地形。

（1）大、小比例尺的地形图比对使用，其效果最佳。某些地质特征，如大的地质构造，可能只在小比例尺图上标出来。相反，解释地貌活动过程，则要求精确的、等高距小的大比例尺地形图。一般来说，地形图的解释应该从大范围小比例尺地形图到中比例尺地形图，再到大比例尺（小范围）地形图，如同地质调查从总体到细节。

（2）某些工程地质信息可以根据对地形图上的地貌和水系的恰当

解译作出推测。地形往往能反映出地质构造和下伏岩层的组成及地貌变迁对之的影响。地形图上某种地质现象是一定时期在特定地质构造和岩层上某种地貌演变过程的产物。地质现象并不是在所有地形图上的表现形式都相同,要对之作出精确的解释需要相当的技巧和努力。结合大比例尺地形图分析航片是一种有效的场地地质和地形地貌解译手段。从航片和地形图上可能获得或推测到的重要的工程信息包括自然地理、总的岩土体类型、地质构造和地貌发展历史。

c. **地质图**

从平面地质图和"基岩"分布地质图可得出地层及其接触关系、总体地质构造、断层位置和大致的基岩埋深(美国内政部,1977;Dodd,Fuller 和 Clarke,1989)。比例尺为 1:250000 或更小比例尺的地质图,因其可以与相同比例尺的遥感图片对比使用,从而深化区域地质和土层的研究,适合于区域地质研究。部分地区有大比例尺(1:24000)地质图(Dodd,Fuller 和 Clarke,1989)。州地质调查局、当地大学和岩土与环境公司有可能有该地区的详细地质图。大比例尺地质图上有地方性断层、节理产状、详细的岩性描述和具体的基岩埋深一类的资料。

d. **矿产资源图**

USGS 和州地质调查所编制的矿产资源图是地质资料的重要来源。例如,USGS 的煤炭资源评估项目包括编制地质图(7.5 分方形图幅),用以说明联邦煤炭的储量、质量及分布范围。USGS 和州地质调查所的矿产资源图还提供石油、天然气产地和金属矿产资源地区的资料,也有天然建筑材料方面的资料,如采石场、砂砾石料场的资料。这些图可用于评估拟建工程对矿产资源的影响(如将来的复原方式或在施工期复原以降低工程造价)。

e. **水文及水文地质图**

该图反映水文资料和水文地质资料,提供在地面排水、水井位置、地下水质量、地下水等水位线、渗漏型式,以及含水层的位置与特性方面的有用的资料。从 USGS 州地质调查所、当地大学和岩土与环境公司可以收集到这些资料。

f. 地震图

Krinitzsky、Gould 和 Edinger(1993)表明美国震源分布区和各分区可能地震震级。Stover 和 Coffmam(1993)出版了美国 1857 ~ 1989 年间震级大于 4.5 级的地震位置与时间分布图。

(1)应用技术委员会 1978 年出版了全美以速度和加速度为基础的地震参数图,地震参数无量纲单位,为某一地面运动频率所产生的加速度与该加速度下建筑物相应反应之间的比值(Krinitzsky,1995)。针对同一地面运动频率,不同类型的建筑物(如大坝、堤坝和建筑物)地震参数系统性变化。这类参数包含有人为判断因素,由结构工程师根据经验选择。

(2)针对不同的地面运动周期而产生的反应谱加速度(% *g*)图可用来评价潜在地震危害。建筑物地震安全委员会准备在 1997 年出版新的潜在地震危害图,图形以 0.3 s 和 1.0 s 运动周期的反应谱加速度值构成(E. L. Krinitzsky,个人信息,1996)。

g. 工程地质图

Radbruch-Hall、Edwards 和 Batson 于 1987 年出版了美国本土内的工程地质图,也有区域工程地质图,从州地质调查所或许可获得更详细的图件。Dearman(1991)描述了工程地质测图的标准。

3-5 遥感方法

常规航片和各类图像可有效地用于大比例尺区域地质构造解释、分析区域线性形迹、水系、岩石类型、土的特性、侵蚀现象及建筑材料料源分析(Rasher 和 Weaver,1990;Gupta,1991)。通过对航片和卫星图像的解译,特别是用立视镜观测重叠航片,还可以识别断层、断裂型式、塌陷及落水洞或地形塌滑等地质灾害,现有在个人计算机中观看立体投影图的技术。航片结合足够的地面控制点测量可绘制出详细的地形图。数字化遥感图像经加工可进一步突出地质要素(Gupta,1991)。尽管地球资源(探测)卫星、太空实验室、航天飞机和法国人造卫星 SPOT 拍摄的图像一般对特定场地研究的价值有限,但对区域研究很有用。可用于识别、评估地形要素、深海地形和地下特征的遥感方法如下。

a. 地形/地表法

机载摄影(安装在直升飞机或常规飞行器上);

机载光谱扫描(安装在直升飞机或常规飞行器上);

照相测量法(用于航片或卫片光谱扫描数据图像处理或成图);

人造卫星光谱扫描(如地球资源卫星);

人造卫星合成孔径雷达(SAR);

航空侧视雷达(SLAR)。

b. 地形/地下法

地面穿透雷达(GPR);

地震波;

重差计;

磁力计。

c. 深海探测法

音响测深仪(安在船上);

侧描声波定位仪(安在船上或船牵引);

地震检波器/海底剖面仪(深海探测海面以下,安在船上或船牵引);

磁力计(船牵引);

重差计(船牵引);

安在遥控交通工具(ROV)上的电视或声学传感器;

海洋棒(多束回声探测器)技术。

遥感技术及其在岩土工程方面的应用更进一步的详细论述见 Gupta(1991)。有关深海遥感测量的其他资料见 EM 1110 - 2 - 1003,有关航卫片成像和摄影测量方面的其他资料见 EM 1110 - 1 - 1000。

第三节 现场踏勘及考察

3 - 6 现场踏勘

对所收集到的岩土工程资料进行全面分析后,就应开展现场踏勘,收集那些不经地下勘探和详细研究就能得到的资料(Dearman,1991)。提倡把现场地质踏勘作为各专业工作的组成部分。踏勘人员组成取决于工程的规模和形式、前期室内研究中所确定的工程对所涉及地区的影响及其他专门问题,应有工程地质人员、岩土工程师、规划工程师、考古学家和其他有关专业的代表。任务包括:实地校核已有的地质图,进行粗略的地面填图(辅以航片),观察场地周边的天然露头和人工露头,观察当地水利设施两侧岸坡上的基岩和土层。

3-7 现场考察

现场踏勘时需要考察的内容可分为五大类:

a. 核实、修正或继续追踪那些在早期室内研究中发现的地质、水文现象及地质灾害,并绘制区域地质图。

b. 评价对现场勘察工作有影响的场地交通条件、地形条件和场地所有权问题。

c. 查明对现场勘探作业和场址位置有影响的人文要素,特别是人文价值。

d. 评价已有建筑物的现状和施工经验,借以说明不良岩土条件。

e. 查明被 HTRW 污染的区域。

(1)观察岩石露头及暴露土层的地质特征,论证或补充已有地质图的内容,同时要注意主要节理组的走向和倾向、对自然边坡和开挖边坡的稳定性有影响的密集节理组及陡倾角层理。需要重视的特殊地质现象和条件见表3-2,还应记录如悬崖、坡脚凸出及倾斜树木一类的边坡不稳迹象。建筑材料料源位置也很重要,如大块石、沙砾石堆积物,土料场,废弃的和正在开采的采石场。水文现象的观察包括地表水系、泉水、与岩层有关的渗透、表明有高地下水位的沼泽或植物繁茂地区。

(2)人文要素应注意将影响孔位布置或钻机进场的人文要素分布,如电线、管线、交通道路及地面条件。应查明可能影响场地位置或施工工作的历史遗址或考古场所,并作好记录,以备将来进一步研究。观察当地施工工作和现有建筑物与道路的状况,记下潜在的问题。注意废弃的采矿工事,如平硐、巷道、竖井和尾矿堆。

表 3-2　室内研究与现场踏勘期间需要考虑的特殊地质现象和地质条件

地质现象或地质条件	对工程的影响	室内研究	现场观察	需解答的问题
滑坡	自然边坡及开挖边坡的稳定性	应确定工程区内或在施工场地存在的滑坡及其年龄。 计算失稳时的抗剪强度。分析破坏强度是否随着时间的推移而降低，特别是黏土和黏土页岩类边坡	估计滑动范围(长度及宽度)及边坡高度。 预测滑前、滑后坡角(可能相当于残余内摩擦角)。 复核公路和铁路的开挖边坡及深开挖、采石场和陡坡	工程施工对工程区以外同类地层中的滑坡有影响吗? 以前和现在的地下水位可能在什么深度? 树木是否向非自然方向倾斜?
断层及断层活动;历史地震活动性	地震评价的决定性因素,主要活断层的活动年龄可确定设计地震的震级,同时说明存在高应力场,可能导致基础抬动和地下工程围岩处于高应力场中	收集有关资料,确定已知断层的分布及活动历史。 查对钻孔柱状图,从地层错动情况判断断层的存在	如果可能,根据地面迹象,在现场验证断层的存在;从航片上核查断层形迹的分布位置。 现场检查建筑物、圈梁、烟囱、道路、砖墙、管路、已知断层、塌陷、树木倾斜、围墙错动等	在区域航空照片中能看出线性形迹或断层形迹吗?

续表 3-2

地质现象或地质条件	对工程的影响	室内研究	现场观察	需解答的问题
卸荷裂隙和河谷岩体回弹	两岸可能有平行谷坡的裂隙,谷底可能有水平裂隙。在一些黏土页岩类地区,由河谷侵蚀或冰川作用导致的应力释放可能尚未完结	复查河谷地区的有关地质著作和报告。整理已有的河谷两侧和谷底的异常水位观测资料,并与河谷以外的正常地下水位相比较	观测河谷中水井及长观孔的水位,确定其水位是否低于区内正常地下水位(这能说明河谷卸荷回弹尚未完结)	
落水洞,岩溶地形	主要影响建筑物的拟定位置及初选场地的可行性(13条)	从航空照片上寻找非排水洼地的迹象	在现场圈定洼地,并测量其尺寸、深度及坡度。从中心至边缘的高差可能为几英尺或几乎可忽略不计。访问附近居民,确定落水洞的发现时间	有潜在可溶性岩层存在吗?如石灰岩、白云岩或石膏。是否存在不能用冰川作用来解释的非排水洼地?地形是呈不明成因的崎岖、不规则状吗?
硬石膏和石膏层	主要建筑物下地基中的硬石膏有可能因水化而膨胀,向上冲并发生翘曲。石膏可能导致沉降、陷落、坍塌或管涌。建筑物寿命期发生的溶解作用有的具有破坏性	查阅地质资料,确定其存在的可能性,并标出可能的露头位置	寻找地表上抬迹象;收集已有建筑物的运行情况,查明当地条件。仔细寻找区内孔、洞等溶解迹象	上抬是由水化膨胀引起的,还是由"爆破"造成的?

续表 3-2

地质现象或地质条件	对工程的影响	室内研究	现场观察	需解答的问题
洞穴	其规模可能影响工程可行性或造价。从中可得出与地震设计有关的断层活动方面的迹象。区内无记录的采矿活动也能形成		仔细观察洞壁，寻找断层及近代断层活动的迹象。从钟乳石或石笋断口的柱环估计其年龄	钟乳石或石笋的破损是由于震动造成的？还是由于错动造成的？
抗侵蚀能力	决定水渠、河道边坡是需要进行全面的还是局部的保护	确定易冲蚀地层沿引水线路的分布情况	记录水渠、河道的稳定性，边坡的侵蚀程度和稳定性	河道是稳定的，还是经常摆动，两岸是稳定的，还是易被侵蚀？有大范围的岸坡滑动吗？
内部侵蚀	影响坝基、坝肩的稳定性。在渗流作用下，无中间粒径的砂砾石或砂可能失稳或发生管涌	圈定冲积物或阶地堆积物的可能露头	检查斜坡及河岸的渗水区，看是否有管涌现象	
大面积沉陷	大面积沉陷危害工程的运行和长期稳定性	圈定地下水大量抽取区、油田和地下溶解法采矿区的范围	检验工程区有无新水井或新的采矿活动	是否计划新建或增加开采地下水或矿产资源？

续表 3-2

地质现象或地质条件	对工程的影响	室内研究	现场观察	需解答的问题
湿陷性土	确定是否需要将地基浅部具湿陷性的物质挖除	确定区内在地质历史时期沉积物是如何形成的，以及区内所有的塌陷问题	沿侵蚀河道观察地表沉积物中的空洞发育情况，特别是在细粒沉积层中侵蚀形成的陡河谷	沉积物是由泥石流沉积形成的吗？
局部地下水位下降	可能导致局部或大面积沉陷，在地表水体附近或河边形成洪泛区，以及造成建筑物的不均匀沉陷	确定在工程区是否有抽水量特别大的抽水井，为了解这方面情况，可与州、市的 MSGS 机构联系	从业主那里了解水井的地下水位、抽水量资料和计划增加的抽水量，观察建筑物的状况，与当地自来水厂操作工联系	
反常的低孔隙水压力（比预计的地下水位低）	可能意味着有效应力仍在增加，并且将来可能出现河谷边坡失稳	如有长观资料，与测得的正常地下水位相对比		导致孔隙水压力低的原因是否是垂直应力减少造成的，如深冰川河谷和巴拿马运河一类的深开挖，使黏土页岩中的裂隙水压力因卸荷而降低

续表 3-2

地质现象或地质条件	对工程的影响	室内研究	现场观察	需解答的问题
天然边坡的原位抗剪强度	是人工边坡、坝肩稳定性及关于库岸稳定性方面的早期分析资料	圈定潜在滑动区。对既有滑坡进行分析,确定最低原位抗剪强度	估计山坡的坡度和高度,特别是存在淘蚀的河湾地段。确定平缓斜坡属于成熟的滑坡、滑塌地形,还是侵蚀地貌	现有斜坡都很平缓吗?是否说明了残余强度已经在起作用?
膨胀土及页岩	严重超固结的黏土和黏土页岩在开挖时或含水量增加时,可能会剧烈膨胀	根据现有资料,确定潜在问题,并圈出可能的超固结地层范围	检验修建于相类似地层上的场址道路情况;检查建筑物的运行情况,以及降雨或浸水对其的影响	季节性降雨与地下水变动、树林与灌木丛的储水是否导致地面隆起或沉降?
层状土(纹泥)	透水土层可能导致比预计更快的沉陷。由于超固结黏土层之间的透水层出现非控制的渗流或有软弱黏土层,则可能出现不稳定。若不以井点来控制地下水,在开挖时可能出现不稳现象	确定与史前湖泊共生的潜在层状土分布区域。确定区内建筑物的沉陷性状	观察自然边坡及人工开挖面上的层状土;检查建筑物的沉陷情况	

续表 3-2

地质现象或地质条件	对工程的影响	室内研究	现场观察	需解答的问题
分散性土	土石坝及堤选择土料时的一个主要考虑因素	通过土壤保持局及其他机构调查现有小型坝的有关性状	查找特殊的侵蚀现象,如岸坡中的水平和垂直洞穴、人工边坡上的不寻常侵蚀现象。进行相应的土工试验	
岸堤和其他的液化区	主要影响河岸的稳定性和地震区地基的稳定性	圈定松散细粒冲积、阶地砂的可能分布范围,最有可能的地方是分布有松散砂、当前正在发生侵蚀现象的河岸	调查河岸是否具有窄颈区的扇形破坏(在低水位时可能看到)。如果有,那么确定其形状、深度、平均坡度及附近地段的坡度。在有树木的地区,液化会使树身倾斜角度异常。在地震区,调查有无翻砂现象	

续表 3-2

地质现象或地质条件	对工程的影响	室内研究	现场观察	需解答的问题
填土区	较新的填土区有时会出现大的沉陷。这种填土区有的地方增加很快，而且从地面现象甚至地下揭露的迹象均不易判别	对照老地形图和最新地形图，找出新图上消失了的洼地或沟道	通过当地居民了解该地区的历史	
前期场地使用所造成的局部超固结	局部场地由于过去用于堆放重物而处于超固结压实		从当地居民了解该地区的历史	

(3)由于不利的地下条件常常可以从地表的种种迹象和区域地质推测出来，现场观察对于制订下一步勘察计划和设计研究具有特殊的价值。通过广泛的地面观察有可能得出合适的地基处理或建筑物型式方案。

(4)现场踏勘可得出需要进行新的测绘及拍摄新航空照片的范围。应在初期阶段与规划者一起确定这个范围，以保证所确定的范围足够大并及时拍摄。

(5)记录并评价所有潜在的环境危害，如以前的垃圾埋放地、地表蓄水、开矿、工业区、地下贮藏库的标记或植物生长不良地带，评价存在 HTRW 的可能性。

第四节　资料整理

3－8　汇总

分析、编辑区域地质资料，结合现场踏勘成果，选择适合的工程场地并确定场地勘察范围。确切地说，完成区域地质及场地踏勘研究后，应取得以下成果：

a. 确定区域地质条件，并具体反映在区域地质图中；

b. 初步评价区域地震稳定性；

c. 初步推荐建筑材料料场位置；

d. 初步建立场地地质条件模型；

e. 编制“环境影响说明”；

f. 查明拟选场地的潜在 HTRW 问题，并作出评价。

如有资料系统和电子数据库管理，则在工程开始的时候就要认真考虑如何将岩土资料归到系统中的问题，新收集/形成的资料应该归到资料系统数据库中，以备将来使用，施工阶段揭露的场地地质条件描述资料也应该归到岩土数据库中。通过电子记录的工程寿命期的岩土工程资料，能进行可靠的诊断分析。另外，GIS 是工程完建后（运行和维护期）的一种高效管理工具。

第四章　地面勘察

4－1　概述

本章描述了在勘察期间不会明显扰动岩土体的现场工作。这类勘察工作大多在工程的初期进行,获得总体地质条件。当然,也包括施工期对特定区域进行很详细的地质填图。最终产品一般以平面图的形式来描绘场地的条件,应达到的精度和准确程度取决于资料的用途与工作的意图。基于用二维图像来表达三维实体所存在的问题,在精度方面要求留有一定的余地。有了计算机辅助设计、绘图系统(CADD)和专门的工程应用软件包,这才能更有效地描绘更复杂的三维资料。

本章及下一章详细叙述了完成一项现场勘察项目所必需的各项工作。有些方面是对第三章所讨论的区域地质勘察工作的进一步细化。但是,许多土建工程项目,规模小,不可能安排以下两章中所列的所有场地现场勘察内容。对于规模较小的工程,重点应放在编辑、分析既有资料、遥感图像解译和工程区钻探与施工开挖所取得的地表、地下资料上。以下所讨论的内容可作为满足设计和施工决策所需要的各类重要岩土工程资料的指南。

第一节　现场地质测绘

4－2　区域地质测绘

区域地质测绘的目的是得出一张能准确描绘工程区地质概况的地质图。测绘的范围和详细程度取决于工程的类型、规模及区域地质条件的复杂程度，一般来说，测绘范围应包括工程场地和可能对工程有影响的或受工程影响的周围地区。初步勘察期间应该收集其他来源的资料，并进行分析研究（第三章）。如果没有进行这项工作，或者认为还有可用的补充资料，那么，在昂贵的现场勘察工作开始以前，应该收集、评估这些资料。只有将区内既有地质资料研究与当前的地质测绘和适当的遥感技术结合起来，区域测绘工作才能认为是全面的。这样的分析最好是在 GIS 上进行。利用 GPS 是另外一种费用低且效益好、能进行准确的水平和垂直测量的方法，可以确定遥感图像大地参考及观测井和其他地质取样点定位用的地面控制点，GPS 操作应用见 EM 1110-2-1003。对于初期地质测绘来说，手持式电测距设备一般能满足精度要求，也能取得较好的效益。

a. **水库工程**

应对库区及其邻近地区的地质条件和环境特性进行研究，并上图，内容包括：

——断层、节理、地层岩性及其他重要的地质特性；

——岩溶地貌等可能引起水库大量渗漏的地质条件；

——井水位、泉水、地表水、对水敏感的植被等能说明地下水状况的迹象；

——石膏或硬石膏等可溶岩和膨胀岩；

——库岸周围潜在的滑坡区；

——有开采价值的矿产资源；

——矿井、矿道，汽井和油井；

——可能的土料、砂砾料和石料料场及建材料源；

——库岸冲刷的可能性；

——废物堆放地、垃圾填埋场、地下储存库、地表储水区等潜在的环境危害。

b. **其他工程**

上述所列的地质特征部分适合于船闸、坝、主堤、海岸和海港保护工程，以及大型或综合性军事工程，但测绘的范围和精度要求应根据工程的类型与规模确定。场地勘察的环境工程方面内容见 EM 1110－2－1202、EM 1110－2－1204、EM 1110－2－1205、EM 1110－2－1206 和 Keller(1992)。河道和库区淤积勘察方法见 EM 1110－2－4000 所述。

4－3　场地测绘

工程区内重要的场地区域应有大比例尺、详细的地质图,包括规划的建筑物区和土、石料场区。查明覆盖层与基岩的地质特性是场地测绘和下一步勘探工作的重要任务。应由岩土工程师和地质人员相互配合、共同研究确定地下地质条件。地质人员应提供覆盖层和基岩的成因、分布及沉积方式的资料,而岩土工程师或地质工程师则应确定场地地基组成物质和潜在建筑材料的工程特性、潜在的工程地质问题、地质条件在设计中的应用,以及拟建建筑物对地基条件的适应性。

a. 建筑物场地

在进行钻探工作之前,应先完成初期地质图,能较好地反映出场址大致的地质条件和存在问题,这样就有助于明确钻孔布置的目的性。预测每一个钻孔将要遇到的地质情况,如关键接触面的埋深和地下水位。在进行过地质测绘、查明了地质构造和地层岩性的地区,进行这种预测是可能的,至少能大致确定。通过与钻孔资料的对比,逐步完善、细化地质构造和地层岩性的模型,是全面了解场地地质条件的最有效、最经济的方法。CADD 一类的数字化格式,一旦有了新资料,就能为细化地质模型提供一种经济、省时、高效的途径。

b. 土料、砂砾料和石料料场

土石坝填筑材料、护坡抛石、混凝土和道路施工用的骨料等各料场位置的确定与评估一般在区域地质测绘的过程中进行。有时,为了确定种类和储量均能满足要求的料场位置,有必要扩大勘测范围。在这种情况下,包括航片分析在内的遥感技术有时是有用的。对于运距近但质量差的料源,作为比较方案,也应作试探性简明陈述和评估。完整的土、石料料源地质图应涵盖所遇到的所有土类和各种岩石的表面风化情况、硬度及节理裂隙间距方面的充分描述。

(1)人工加工石料一般外购是最经济的，通过州或联邦办事处一般可以收集到商用石料的试验资料，建材开采申请程序见 EM 1110 - 2 - 2301。

(2)应根据取样和室内分析结果来评估土、石料质量，通过野外工作估计各层厚度，利用地质图便可估算出储量。地质图也能用来初步布置运输和进场道路，估算运距。GIS 是评估石料的质量与储量、开挖费用及最优运输线路的理想工具。

4 - 4　施工地质编录

施工地质编录图详细记录了施工期间所揭露的地质条件，传统上，基坑编录图是详细标有构造、岩性和水文等要素的地质图，它能再现建筑物地基、开挖边坡及隧洞或大型洞室内的地质条件。土和基岩区均应进行编录，并注明改善、变更或控制地基条件所采取的所有措施，例如岩石加固系统、永久排水系统及专门处理区。基坑编录通常在清基之后，马上要浇筑混凝土或填筑之前进行。此时，地基表面的干净程度一般来说能满足观察和记录地基上所有细小的地质现象的要求。基坑编录期间应进行大范围的照相和录像。

a. 负责基坑编录的人员应通过仔细研究设计报告和与设计人员沟通，熟悉设计意图。将真实的地质情况与设计阶段形成的地质模型相比较，评估两者是否有明显的差异及这些差异对结构完整性的影响情况。初步清基后，如果从揭露的地质条件来看，认为需要修正基础设计或增加基础处理措施，则负责基坑编录的人员必须参加所有相关决策。开挖期间，一旦发现真实的地质条件与设计阶段地质模型之间的差异需要澄清或需要变更基础设计方案时，应该与设计人员协商。编录图中应该包括所有基础调整和地基处理方面的细节。

b. 基坑施工报告(Construction Foundation Report)中应附有与施工期和建成后工序、危害及存在问题有关的工程地质图和剖面图，编辑好的记录开挖过程、最终建基面和处理等的录像资料也应作为最终报告的完整组成部分。不同的地质数据层和视频资料最好进行编辑、分析，归纳到 GIS 系统中。

c. 详细的基坑编录技术方法指导见附件 B。隧洞等地下开挖工程的编录工作安排不同于基坑编录。为了满足洞室支护设计的要求，有时不能为编录作充分清理就要采取支护措施，因此编录应随着工作面或开挖工作的进展，在安装支护系统的过程中进行，这就要求在开挖过程中，始终有训练有素的地质师、工程地质师或地质工程师全程在场。施工计划中应说明开挖面定期清理的时间安排，并为编录预留合理的时间。附件 C 介绍了隧洞地质编录的技术方法，大型洞室编录可在此基础上加以修正。

第二节　浅层地球物理勘探

4－5　概况

地球物理勘探包括为获取地下资料而从地面或钻孔内进行的间接测量。通过对这些测试成果的分析或解译可以获得地质资料，需要利用钻孔或其他地下勘探资料来校准物探测试。在野外勘探计划早期安排物探工作，并结合一定量的地下勘探工作，具有极好的效果。地球物理勘探能够迅速查明诸如地层、岩性、结构面和地下水等地质条件，以及它们之间的相互关系，并能测出原位弹性模量和密度。地球物理勘探的费用一般比钻探和试坑低，合理运用这些方法可大大节约费用。

4－6　方法

六种主要的地球物理勘探法为地震法、电阻率法、声波法、磁法、雷达法和重力法。其中，地震法和电阻率法在解决陆军工程师团的工程技术问题中最为实用。表 4-1 和表 4-2 总结了各种地球物理勘探方法的适用范围，各种物探方法的使用和解释方面的详细指导见 EM 1110－1－1802、物探学会（1990）和 Annan（1992）。基岩中发育有断层、破碎带、溶洞等不规律地质特征的场地应用特殊的微重力勘探技术。

表 4-1　确定工程参数的地球物理方法

方法	基本测量参数	应用	优点	局限性
地表				
地震折射法	压缩波穿过地层的传播时间	测定压缩波穿过地下的波速，对比界面的埋深和水平层的地质关系	快速、准确、较经济，解译原理总体上简单明了，设备常用	往往不能发现高波速层下的低波速层；有的薄层探测不到；具有多解性
地震反射法	压缩波从地层反射回的传播时间	追踪选定的反射层。深度测定，探测断层、结构面和其他异常特性	快速、全面探测给定的场地区域；数据反映很明显	尽管近年来在高分辨领域取得了进展，应用于工民建工程的地震技术仍然受到分辨率的约束
表面波传播	表面瑞利波的传播时间和周期	推断近地表物质的剪切波波速	使用传统折射地震仪的一种快速技术	测线要长（大场地），要求在高强度地震源中富含有低频率能量，解释复杂
振动（地震）	表面瑞利波的传播时间和波长	推断近地表物质的剪切波波速	通过控制振动源来选择频率，从而达到选择波长和穿透深度目的（达200 ft）。探测高速层下的低速带。为一公认的方法	需要大的振动源、专用仪器设备和解译方法

续表 4-1

方法	基本测量参数	应用	优点	局限性
反射剖面法（地震－声波）	压缩波穿过水和地层的传播时间和反射信号的振幅	地层岩性划分，断层、埋藏谷和盐丘探测，确定人工埋设物的位置和基岩等反射层的埋深	以最短的时间和最低的费用调查大的区域，数据连续记录，这样就能确定岩性和地质变化的直接关系，尽量减少了相关的钻探和取芯工作	数据分辨率和穿透能力取决于波动频率，除非真实波速是已知的，否则沉积层的厚度和反射层的埋深只是个近似值。有些层底条件（如有机沉积物）影响穿透；水深至少为 15 ~ 20 ft，系统才能正常运行
电阻率法	探头之间物质整体的电阻率	地震折射法的补充方法，用于人工石料场、地下水和砂砾石层的探测、河床研究和洞穴探查	是一种经济且无破坏性的技术，能探查大体积的“软弱”岩土体	所计算电阻的横向变化与深度的关系常常会解译不当。因此，基于此点及其他原因，确定的深度会出现严重错误。该方法必须与其他方法一起使用，如地震法等
声波法（共振）	源自有空气洞穴中的耦合声波的振幅	追踪（在地面）洞穴的横向规模	是一种快速、可靠的方法，解译比较简单明了，仪器现成	仍处于实验阶段，适用范围尚未完全确定。必须能到达一些洞穴的出口

续表 4-1

方法	基本测量参数	应用	优点	局限性
探地雷达法	反射信号微波的传播时间和波幅	快速剖面分层，能确定层面、倾向、地下水位和许多种异常情况	是一种场地浅层勘察的快速方法，在线数据处理能做到“现场”观察的效果，密度变化显示很明显	传送的信号遇水快速衰减，探测深度很有限，多种反射会使数据解译变得复杂
重力法	重力场的变化	探测背斜构造、埋藏的山脊、盐丘、断层和洞穴	如果确定重力参考点时很小心仔细，则得出的结果比较精确	设备很昂贵，需要专业人员；任何实体会影响数据（如建筑物、汽车等）；数据简化和解译过程比较复杂；地形和岩层密度会影响数据
磁法	地球磁场的变化	确定地下是否有磁性物质及其分布位置，确定矿体的位置	能查出磁性物质的准确数量	只能用于确定磁性物质的分布位置；解释要有很高的专业水平；现场校准很关键；金属物的存在会影响数据
钻孔				
上测孔/下测孔（地震波）	压缩波和/或剪切波的垂直向传播时间	垂直 P 波或 S 波波速的测定，查明低速带	适用于确定低波速层的快速方法，解译直接明了	必须注意不要受到灌浆和套管带来的不利影响

续表 4-1

方法	基本测量参数	应用	优点	局限性
孔间对穿(地震波)	压缩波和/或剪切波的水平向传播时间	测定水平P波或S波的波速，能计算出地层的弹性参数	因结果较可靠，普遍被认可。只要孔间距不是特别大，就能查明低速带	绝对需要根据地质和其他地震资料仔细安排孔距，必须用Snell折射定律进行分区。必须进行钻孔偏差测量。需要经验丰富的人员，需要重复波源
钻孔自然电位法	自然地电位	对比沉积层；确定水源位置；研究岩石变形、评估渗透性和查明地下水含盐度	一种广泛应用且经济的方法，特别是多孔隙的地层(如砂等)	测井只能在充满液体、没有下套管的孔中进行。不是所有对电位有影响的因素都清楚
单点电阻率法	单电级相邻地层的电阻	与自然电位法结合使用，用于对比地层和确定多孔隙岩土体的分布	一种广泛应用且经济的方法；测井与自然电位测定同时进行	不易测得地层电阻；测井只能在充满液体、没有下套管的孔中进行；受钻进冲洗液影响
长、短法向电阻法	钻孔附近的电阻	测量半径16 ~ 64 in范围的电阻	广泛应用且经济的方法	受钻进冲洗液入侵影响较大；测井只能在充满液体、没有下套管的孔中进行

续表 4-1

方法	基本测量参数	应用	优点	局限性
侧向电阻法	离钻孔较远处的电阻	测量半径18.7 ft范围内的电阻	受钻进冲洗液入侵的影响较小	测井只能在充满液体、没有下套管的孔中进行；含水量低的地层的勘察半径有限
感应电阻法	离钻孔较远处的电阻	测量充满空气或油的钻孔中的电阻	能在下入非导电套管的孔中测井	测量设备大而重
钻孔成像法(声波)	孔壁的声波图像	查明孔壁上的孔洞、节理和破裂面，确定构造的产状(走向和倾向)	适用于检查套管内部；图像的图形显示；冲洗液的清澈度不重要	要求操作人员富有经验，测井慢，探头笨拙且容易坏，钻孔直径不能超过6 in
连续声波(3-D)波速法	高波速岩土体中P波和S波的传播时间	钻孔附近P波和S波波速测定；对孔洞和裂隙有探测前景；测定模量；有时，通过经验关系，S波波速是从P波波速推导得出，并同时进行核辐射测井	应用广泛、快速、较经济；密度变化显示清楚；能查出地层中的结构面	未固结物质和软弱沉积岩中对剪切波波速的识别存在问题；只能测定大于5 000 ft/s的P波波速

续表 4-1

方法	基本测量参数	应用	优点	局限性
天然伽马射线法	天然放射性	岩性、地层关系，可用来推测渗透性；查明黏土层位和放射性矿物的分布	用途广泛，操作和解译方法简单	受钻孔质量影响；测井速度慢；不能直接识别液体、岩石类型和孔隙率。假定黏土矿物含钾 40 同位素
伽马—伽马密度法	电子密度	确定地下岩层的岩石密度	用途广泛；能用于岩土工程特性的定量分析；能提供孔隙率	钻孔质量、校准、发射源强度和地层的化学变化影响测量精度；放射源有危害
中子孔隙率法	氢的含量	含水量（地下水位以上）； 总孔隙率（地下水位以下）	连续测量孔隙率；用于确定水文地质和工程性质；应用广泛	钻孔质量、校准、发射源强度和结合水均影响测量精度；放射源有危害作用
中子激发法	中子俘获数量	地层中选定放射性物质的富集情况	探测铀、钠和锰等元素；用于确定油—水界面（石油工业）和探矿（铝、铜）	发射源强度、地层中存在两种及两种以上的放射性相似的元素会影响数据
钻孔磁法	核子旋进	地层的沉积、层序和年龄	鉴定同一种岩性的年龄	地磁场逆向间隔处于研究阶段，仍是研究课题

续表 4-1

方法	基本测量参数	应用	优点	局限性
机械测径仪	钻孔直径	测量钻孔直径	用于干、湿钻孔	每测一次校正一次，取 3 次直径测量值的平均值
声波测径仪	声波测距	测量钻孔直径	范围广，用于钻孔形状很不规则的钻孔	孔内要有水，定位要准确
温度	温度	测量液体和孔壁的温度，探测渗水段和漏水段	快速、经济，一般较准确	无大的局限
流体电阻率	液体电阻	水质测量和岩石电阻率的辅助测井	经济手段	钻孔中的液体必须与地下水一样
示踪法	液体流向	确定液体流动的方向	经济	考虑对环境的影响，常会排除使用放射性示踪剂
流量计	液体流速和流量	确定地下液体流动的速度，大多数情况下也能确定流量	无相关资料	无相关资料
侧壁取样 液体取样 钻孔测斜仪	无相关资料	无相关资料	无相关资料	无相关资料

续表 4-1

方法	基本测量参数	应用	优点	局限性
钻孔测量	钻孔钻进的方位和斜度	测定钻孔与垂直法线之间偏差的大小和方向	技术较可靠，进行孔间测量时必须用该方法来确定震源和接收器之间的距离	误差是累计的，因此每一个测点都要注意，这样才能得到精确的资料
井下流量计	流过钻孔的流量	测定地下水的流速和流向	是一种测量混凝土建筑物下基础侧向渗漏量的可靠方法，费用较高	假设流量不受钻孔钻进的影响

表 4-2　物探方法在测定工程地质参数方面的适用性分级

物探方法	基岩埋深	P波波速	S波波速	剪切模量	杨氏模量	泊松比	岩性	地层界线	岩层产状	密度	原位应力状态	地温	渗透性	饱和度	地下水位	地下水水质	地下含水层	流速和流向	钻孔直径	障碍物	劈裂性	断层探测	孔洞探测	孔洞形态	矿体分布位置	钻孔方位和斜度
地表																										
地震折射法	4	4	4	4	4	4	1	3	4	2	1	0	0	2	2	0	2	0	0	2	4	3	2	2	3	0
地震反射法	4	0	0	0	0	0	1	4	4	0	0	0	0	0	2	0	1	0	0	2	0	4	3	3	3	0
表面波传播	1	0	2	2	0	0	1	3	0	2	1	0	0	0	0	0	0	0	0	1	0	0	0	1	2	0
振动法（地震）	2	0	4	4	4	0	1	3	0	2	1	0	0	0	0	0	0	0	0	2	2	1	2	2	3	0
反射剖面法（地震－声波）	4	0	0	0	0	0	1	4	4	0	0	0	0	0	0	0	0	0	0	3	0	4	3	3	4	0
电位法[2]	0	0	0	0	0	0	0	1	0	0	0	0	1	1	2	3	3	3	0	0	0	3	3	3	4	0
电阻率法	3	0	0	0	0	0	1	3	2	0	0	0	2	1	4	0	4	2	0	3	2	0	4	4	4	0
声波（共振）[2]	0	0	0	0	0	0	0	0	0	0	0	0	0	0	0	0	0	3	0	0	0	0	0	4	0	0
雷达[2,3]	3	0	0	0	0	0	1	3	2	0	0	0	2	3	3	0	0	2	0	3	0	3	3	3	3	0

续表 4-2

物探方法	基岩埋深	P波波速	S波波速	剪切模量	杨氏模量	泊松比	岩性	地层界线	岩层产状	密度	原位应力状态	地温	渗透性	饱和度	地下水位	地下水水质	地下含水层	流速和流向	钻孔直径	障碍物	劈裂性	断层探测	孔洞探测	孔洞形态	矿体分布位置	钻孔方位和斜度
电磁法[2]	4	0	0	0	0	0	3	4	1	0	0	0	1	2	3	1	2	0	0	0	0	3	0	0	4	0
重力法	3	0	0	0	0	0	0	0	1	0	0	0	0	0	0	0	0	0	0	4	0	1	3	3	3	0
磁法[2,3]	0	0	0	0	0	0	0	0	1	0	0	0	0	0	0	0	0	0	0	0	0	0	2	2	4	0
钻孔																										
向上/向下(地震)	4	4	4	4	4	4	1	4	0	2	1	0	0	2	2	0	2	0	0	1	2	3	0	2	2	0
孔间(地震)	4	4	4	4	4	4	1	4	2	2	1	0	0	2	2	0	2	0	0	3	2	3	3	2	3	0
孔间(声波)[2]	4	4	4	4	4	0	1	3	4	0	0	0	1	0	3	0	0	0	0	1	3	3	3	3	0	0
孔间电阻[2]	3	0	0	0	0	0	1	3	1	0	0	0	1	0	3	0	3	0	0	1	0	2	3	3	0	0
钻孔自然电位	2	0	0	0	0	0	4	4	4	2	0	0	0	0	4	2	4	0	0	1	0	2	2	1	3	0
单点电阻率法	2	0	0	0	0	0	4	4	1	0	0	0	0	1	4	2	4	0	0	1	0	1	1	1	2	0
长、短法向电阻法	2	0	0	0	0	0	4	4	1	1	0	0	0	4	3	0	2	0	0	0	0	1	1	2	4	0
侧向电阻	2	0	0	0	0	0	3	4	1	1	0	0	0	4	3	0	2	0	0	0	0	1	1	2	4	0

续表 4-2

物探方法	基岩埋深	P波波速	S波波速	剪切模量	杨氏模量	泊松比	岩性	地层界线	岩层产状	密度	原位应力状态	地温	渗透性	饱和度	地下水位	地下水水质	地下含水层	流速和流向	钻孔直径	障碍物	劈裂性	断层探测	孔洞探测	孔洞形态	矿体分布位置	钻孔方位和斜度
感应电阻[2]	2	0	0	0	0	0	4	4	1	1	0	0	0	4	3	0	0	0	0	0	0	1	1	2	4	0
钻孔成像声波	4	0	0	0	0	0	2	3	1	0	1	0	2	0	2	0	0	0	0	1	0	2	2	3	0	0
区间(3－D)波速	2	4	2	2	2	2	2	3	1	2	1	0	0	1	1	0	0	0	0	1	0	3	2	2	2	0
天然伽马射线	2	0	0	0	0	0	4	4	1	2	0	0	3A	1A	3A	2	2A	1	0	0	0	3A	1	1	4	0
伽马—伽马密度	3A	0	0	0	0	0	4	4	1	3A	0	0	2A	3A	2A	0	0	0	0	0	3	3A	2	1	4	0
中子孔隙率	2A	0	0	0	0	0	4	4	1	3A	0	0	2	3A	3A	0	0	0	0	0	0	3A	2	1	4	0
中子激发[2]	2A	0	0	0	0	0	3	1	1	0	0	0	2A	2	3A	0	0	2	0	1	0	1	0	0	4	0
钻孔重力法	1	0	0	0	0	0	0	0	0	2	0	0	0	0	0	0	0	0	0	0	0	0	2	4	0	0
机械测径仪	0	0	0	0	0	0	1	0	1	0	0	0	0	0	0	0	0	0	4	0	0	0	0	0	0	0
声波测径仪	0	0	0	0	0	0	1	0	1	0	0	0	0	0	0	0	0	0	2	1	0	0	0	0	0	0

续表 4-2

物探方法	基岩埋深	P波波速	S波波速	剪切模量	杨氏模量	泊松比	岩性	地层界线	岩层产状	密度	原位应力状态	地温	渗透性	饱和度	地下水位	地下水水质	地下含水层	流速和流向	钻孔直径	障碍物	劈裂性	断层探测	孔洞探测	孔洞形态	矿体分布位置	钻孔方位和斜度
温度法	0	0	0	0	0	0	0	0	0	0	1	4	1	0	2	4	4	2	0	0	0	0	1	2	1	0
流体电阻	0	0	0	0	0	0	0	1	0	1	0	0	1	4	4	4	4	0	0	0	0	0	3	1	1	0
示踪法[2]	0	0	0	0	0	0	1	0	0	0	0	0	1	0	2	0	4	4	0	1	0	0	0	3	0	0
流量计[2]	0	0	0	0	0	0	0	0	0	0	0	0	2	2	2	0	4	4	0	2	0	0	0	2	0	0
侧壁取样[2]	4	0	0	0	0	0	4	4	1	4	2	0	4	4	2	0	0	0	0	2	2	2	1	0	4	0
流体取样[2]	0	0	0	0	0	0	0	0	0	0	0	4	1	0	4	4	4	2	0	0	0	0	0	0	0	0
钻孔测斜仪[2]	0	0	0	0	0	0	2	1	4	0	0	0	0	0	0	0	0	0	0	0	0	2	0	0	1	2
钻孔测量	0	0	0	0	0	0	0	0	0	0	0	0	0	0	0	0	0	0	0	0	0	0	0	0	0	4

注:1. 数值等级指的是该方法在当前和将来应用中的适用程度,0—认为不能用;1—应用受限制;2—在用或可以用,但不是最合适的方法;3—前景很好,但尚未完全开发;4—公认最佳方法,技术已完善;A—与其他电测和核辐射测井相结合。

2. 该方法未包括在 EM1110 - 1 - 1802 中。

3. 未考虑空中和孔内部的探测能力。

第五章　地下勘探

5－1　概述

地下勘探需要利用设备来获取地表以下的资料，设备基本上为入侵式，对岩土体具有不同程度的扰动。这类勘探技术大多数需要较高的费用，因此必须仔细计划、做好控制，以便从中获得尽可能多的资料。应该注意的是，所得出的资料在质量方面变化会很大，如果没有严格执行操作规程，资料解释不恰当的话，就会得出根本上不同的结论。例如，钻进技术差，从取出的岩芯判断，会得出强度值偏低的结果。因此，地下勘探工作的计划、安排得由有资质的高级岩土工程人员来负责，钻探人员和资料收集、精简、分析和解释人员必须是合格的岩土工程专业人员和技术人员。

5－2　勘察布置位置

众所周知，勘察位置的准确确定对所有岩土勘察资料来说都是很重要的，但往往没有给予足够的重视。钻孔和试坑最好布置在能代表所有岩土工程地质特征的地方。尽管用场地之外的相关勘察资料推导场地内地质条件具有技术上的合理性，但由于地质体的多变性，即使稍微偏离拟定场地，地质条件也可能发生很大变化，因此这些合理性资料的准确性就值得怀疑。当然，由于有障碍物或进场方面的问题，不一定总能将钻孔布置在建筑物处，特别是大城市的市区，在这些方面就存在更多的问题。但必须记住，其相关性和解释有待后期进行复查，应事先说明条件变化的可能性。必须采用传统的测量方法或 GPS（EM 1110－1－1003）来定位。GPS 有明显的优势，可以将定位资料直接下载到 GIS 中。

5-3　环境保护

a. 确定现场勘察工作的位置以后，应慎重选择进场线路和确定钻孔、山地工作的布置位置，最大限度地减少对环境的破坏。民用工程的环境工程方面内容见 EM 1110-2-1202、EM 1110-2-1204、EM 1110-2-1205 和 EM 1110-2-1206 及 Keller(1992)所述。任何时候都要控制设备的运行，在获得足够勘探资料的同时，尽可能缩小破坏范围。应调查清楚当地有关场地泥沙排放量方面的有关规定、政策。勘探现场完成了所要求的任务以后，应恢复受影响地区的原来面貌。所有钻孔和探坑应按照州环境法规的要求回填。

b. 现在大多数州是地下水质量安全的首要管理机构，作为其职责之一，许多地方现在要求钻探工持证上岗。这些规定主要用于水井安装，但也能用于勘察项目。制定这些规定时从联邦政府责任的立场上对地下水质量安全进行了大量的讨论。一般来说，政府钻探工不需要有州证书，但是有时由于政治原因必须要有，这个问题不能一概而论，应该在钻探项目开工之前解决好。

c. 联邦政府有责任确保工作人员在岩土工程勘察期间保持环境意识。不过，钻机不可避免地会弄脏，对钻机进行适宜的保养可以减少这类问题。对于 HTRW 钻探，钻机必须用水汽清洗干净，所有工具、设备和人员都必须按照质量保证及控制计划(QAAC)制定的程序清除污染，钻进时用的冲洗液，不管是从液压系统渗漏出来的，还是钻进泥浆中含有的碳氢化合物，都有可能是有毒的，必须尽量控制好或清除。USACE HTRW 场地钻探设备的操作和维护要求见 EM 1110-1-4000，以及 Aller 等(1989)为监测井的设计和安装提供的更详细指导。

第一节　钻　探

5-4　主要用途

查明一项工程的地层特性等基本地质情况需要采用钻探手段，钻探主要有下列方面的用途：

a. 确定地层岩性和结构；

b. 获取指标试验所需的试样；

c. 取得地下水资料；

d. 进行原位试验；

e. 取样，确定其工程特性；

f. 安装观测仪器；

g. 确定建筑物的建基高程；

h. 查明既有建筑物的工程特性。

钻探一般分为扰动、不扰动和取芯钻探三大类，钻探的目的往往不止一个，钻孔开工时其钻进目的尚不明确的情况也不少见。因此，即使当前有一部分资料还暂时用不到，每一个钻孔进行全面、完整的编录是很重要的。如果钻孔的用途尚有疑问，或者确定最优孔径资料尚不足，则钻孔的直径应该比目前认为需要的直径更大一些，比需要的孔径略大些的钻孔比下一级孔径的钻孔在钻进费用上会少得多。

5－5　钻进、取样方法

a. 常用方法论述

钻进和取出样品的方法有很多，以下章节论述了比较常用的钻孔方法。其中的许多方法在第三章、附件 F、Das（1994）、Hunt（1984）和 Aller 等（1989）文献中也进行了详细论述。影响钻孔方法选择的因素有：

（1）目的和需要的资料；

（2）现有设备；

（3）孔深；

（4）现有操作人员的经验和训练情况；

（5）预测的地层类型；

（6）地面条件和进场交通情况；

（7）费用；

（8）环境影响；

(9)既有建筑物的破损情况。

b. 螺旋钻

螺旋钻孔取出的扰动试样,适合用于确定土的类型,进行阿太堡界限和普氏击实等试验,但一般说来土的分层、密实度和灵敏度方面的资料却很少。螺旋钻孔最适合用于土层的初期勘察、作为其他取样法的先导孔,确定基岩顶板的埋深和土中观测井安装。螺旋钻孔可用手、螺旋面、圆桶和空心杆或勺钻形成。除黏土层外,螺旋钻很难在地下水位以下取样。不过,空心杆配连续对开式圆筒取样器能取出一些地下水位以下的未固结物质。地下勘察中所用的螺旋钻类型见附件 F 节 3 -4,钻进过程中的取样方法见附件 F 节 8 -2。

(1)机动螺旋式钻机目前配有高强度的钢性螺旋钻。新的液压技术当前能提供高达 27000 N · m(20000 英尺磅)的扭矩。有了这个量级的扭矩,螺旋钻就能钻大尺寸的钻孔,能用于软岩地基勘察。因螺旋钻不需要冲洗液,使其具有避免影响环境方面的优势。螺旋钻机的相关描述见附件 F 节 3 -3,螺旋钻的另一个优点是能取样(用空心钻杆),例如可以取出钻头下面的原状样。

(2)目前,许多钻机事实上是螺旋钻、取芯钻和潜孔锤的组合,空心杆螺旋钻能够被"钻穿"过去(即用螺旋钻钻至不能继续钻进深度,然后插入绳索取芯管和钻杆继续完成钻孔),螺旋钻用作临时套管,防止取芯时相对软弱物质出现坍塌。不过,螺旋钻不隔水,预计有水损失。估计存在 HTRW 的地方,空心杆螺旋钻不能用作临时套管。当预计有 HTRW 问题,需要下入临时钢套管或下入 PVC 永久套管至完整基岩中。

c. 驱动钻进

驱动钻进取出的岩芯为含有土层的全部组成成分的扰动样,一般可以保持天然的层理,并且可以提供贯入阻力方面的资料。驱动钻进是一种非回转成孔方法,通过动力贯入的厚壁取样筒进行连续取样成孔。压入或贯入的取样器有两种:敞口取样器和活塞取样器。敞口取样器有一个与敞开式取样管相连接的开口取样头,一旦取样管接触到土,就能将土装进去。有些敞口取样器安装有管靴和试样卡簧。活塞取样器在取样管内有一个可移动的活塞,活塞起到防止冲洗液和岩粉在取样器下压过程中进入到管中,同时也有助于将试样夹持在取样管中。需要取较大直径试样的地方,这种方法最适用的钻具是缆索式钻机。缆索式钻机可以提供向下的钻进压力(钻杆在贯入夹具上)来成孔,也能提供向上的力(钻进震动)将取样器从孔中取出。

(1)振动取样器是一种快速采取饱和、无黏性土扰动样的手段之一,是一种比较经济的设备(附件 F)。最简单的装置为:由一台小型汽油机给振动头提供液压,振动头固定在三角架上的铝制管上,通过振动头内的快速振动将取样管压入土中,并将土样送入取样管。取样管的开口端内安装有一个橡胶活塞,钻进结束后用手动绞盘将取样管取出时将土样密封在管内。

(2)另一种装置为 Becker 锤钻具,是加拿大 Becker 钻探有限公司专门为砂砾石层钻进设计的。Becker 钻机采用以柴油为动力的桩锤将专用的双壁有齿套管打入土体中,通过双壁之间的环面,泵入冲洗液到孔底,将岩粉从套管中心带到地面,将带上来的岩粉收集起来,进行目检。Becker 钻具套管外径现有 14 cm、17 cm 和 23 cm 几种型号,相应的取样内径各为 8.4 cm、10.9 cm 和 15.2 cm。节 5 – 23 和附件 F 描述了 Becker 贯入试验方法,附件 F 节 3 – 3 讨论了 Becker 锤钻进设备和操作。

(3)ASTMD 1586 – 84(ASTM 1996b)中描述的驱动钻进标准贯入试验(SPT)方法可能是最常用的传动成孔方法。不同单位所采用的这种方法主要在取样间隔、清洗方法和终孔标准方面略有不同,但基本操作程序还是按照 ASTM 标准。附件 G 陈述了 SPT 取样和试验方法,附件 G 与 ASTMD 1586 – 84 是相一致的,并增加了试验资料评估方面的指导。该方法标准配置为:用 623 N 重的锤自由下落 76 cm,使安装在实心钻杆末端、外径为 5 cm 的对开式圆筒取样器前进 0.45 m。在 ENG 格式 1836 上记录贯入器每贯入 15 cm 所需要的击数,标准贯入阻力或“N”值为第二回和第三回贯入 15 cm 所需击数的累加值。然后清理钻孔或者扩孔至下一个取样段的顶部,重复上述步骤。终止标准一般为每贯入 15 cm 达 50 击。当用于确定基岩面时,需要小心、及时地观察取出的试样，以减少不确定性。节 5 - 23a 中列出了 SPT 资料的一些应用情况。这种贯入方法也可以用更大一些的取样管和更重的锤来进行，较大孔径取得的资料与 SPT 的相关性正在研究，但还不十分可靠。与细粒土中的 SPT 试验相似，从 Becker 锤钻进资料可以得出粗粒土的密度和强度的相关性（节 5 - 23a）。

（4）通过在螺旋钻末端开口处手动或机动安装上“插头”组件，然后在取样之前将之卸掉，用空心杆螺旋钻可以快速、经济地进行驱动钻进，利用收回缆索系统通常是比较容易拆卸的。当覆盖层中因含有漂石或高强度的大块石而限制使用螺旋钻成孔时，可以用其他方法。通常，用泥浆冲洗液的滚式凿岩钻头来成孔在时间和费用消耗上处于中等水平。在钻进条件极困难的地方，可以用 ODEX（偏心钻孔器）孔下气锤系统或其他取芯钻进设备来穿过难钻的漂石或大块石，这样钻进时允许进行标贯甚至是取原状样。

d. 圆锥贯入钻探

圆锥贯入钻探（CPT）或荷兰锥钻探是一种原位测试方法，用于土的分层和评估土的工程特性。CPT 试验时用液压把直径为 3.6 cm 的专用探头压入土中，测出锥体阻力和套管侧壁摩擦阻力两个参数。探头一般是从一辆重型卡车上压入土中，但也可从拖车或从钻架上进行操作。由于需要凭借卡车或拖车的重量来进行 CPT 钻进，进入软弱岩土体组成的场地时受限制。最近开发的 CPT 技术可以恢复天然土样、水样或土气样，采用的仍是进行圆锥贯入试验的驱动系列。已经研发出推力可达 267 kN（30 t）的触探车。Triservice 场地特性描述和分析贯入仪系统（SCAPS）是 CPT 的一种技术变种，用于勘察地下的 HTRW。应用 SCAPS，能迅速实时地取得或加工处理资料（即现场分析），提供三维可视地下地层和潜在的污染区域，从而减少场地特性描述和监测复原的时间与费用。补充内容见节 5 - 23f。

e. 不扰动钻探

土的原状样取样方法见附件 F 节 5 和 6 所述。由于在取样、运输和样品处理过程中均会受到不利影响，直正的“原状”试样是不可能获取的。然而，现代的取样器只要小心操作，并在试验中考虑到试样扰动的可能影响，便可以获取能满足抗剪强度、固结、渗透性和容重试验要求的试样。原状试样还可以切片，详细研究其层理、节理、裂隙、滑动破裂面等细部特征。黏土和粉土能取得原状样，有一些砂可以取得接近于原状的试样。

(1)非黏性土没有标准的或公认的原状样取样方法。当前使用的一种方法：用直径 7.6 cm(3 in)的施拜(Shelby)薄壁管取土器取样，取出后排水和冷冻处理，再送往实验室。另一种方法是原位冷冻，然后用回转取芯管取样。任何原状试样在运输过程中必须小心，运送砂土和粉土试样时必须采取专门的预防措施。这两种取样方法都必须考虑低温作用的影响。固定活塞(Hvorslev)取样器，是在其薄壁取样管中有一个活塞，当取样器压入到土中时，活塞可以向上移动到管内，适用于取无黏性湿土(附件 F 节 5 - 1a(2))。

(2)不扰动钻探常用的方法有两大类：压入式取样器和回转取样器。压入式取样器包括用钻机的液压系统将薄壁取样器压入，然后，在开始取下一组样之前，用某种“清除”方法将取样段扩孔。常用的压入式取样系统有钻机压入(通过钻杆将压力施加到薄壁施拜取土管上)、Hvorslev 固定活塞取土器和 Osterberg 液压活塞取土器。回转取样器除内管管靴作了调整外，与双层岩芯管的结构是一样的，但内管管靴一般延伸到旋转外钻头之外，这样就减少了钻进冲洗液和钻头转动对试样的扰动。常用的回转取样器有 Denison 取土圆管和 Picher 取土器。Pitcher 取土器在内取样器头上用弹簧加载方式附加了一个内管，能够根据土的硬度变化相对于切削头伸长或收缩。一般用回转钻进设备，利用钻进冲洗液将切削下来的粉屑送到地面，并提高钻孔的稳定性。冲洗液的种类、制备和使用见附件 F 第四章所述。土的薄壁管取样标准为 ASTMD 1587 - 94(ASTM 1996c)《薄壁取土器取样标准》。

f. 基岩取芯钻探

岩芯样用带空心取芯管的金刚石或合金钻头回转钻进方法取得，回次钻进长度大多为 1.5 ~ 3 m(5 ~ 10 ft)，工程师团在岩土勘察中用得最广泛的岩芯尺寸可能是“N”型钻孔(约 75 mm)，“N”型岩芯能满足初步勘察阶段和很多情况下的进一步设计研究阶段对岩样的要求。

其他孔径，包括 B（约 60 mm）和 H（约 99 mm）型也能取得满意的勘察结果。钻孔的孔径应根据预计的地基条件、室内试验的要求和需要的工程资料情况来确定。建议使用双层或三层取芯管取软弱、破碎的岩石。采用绳索钻进，其岩芯管是通过钻杆内的绳索提回到地面，取样时不用提取钻杆，对深孔钻进来说节省了大量的时间。岩土工程勘察中常用的钻头和岩芯管型号见表 5-1。不用取芯的基岩钻探采用实心钻头，有鱼尾或十字镐钻头、三锥型和碾子锥基岩钻头、金刚石堵头钻头等。

表 5-1　标准金刚石取芯钻头和扩孔器型号

型号	钻头型号		扩孔器外径和钻孔直径 mm(in)
	外径 mm(in)	内径 mm(in)	
“W”组—“G”和“M”型			
EWG(EWX),EWM	37.3(1.470)	21.5(0.845)	37.7(1.485)
AWG(AWX),AWM	47.6(1.875)	30.1(1.185)	48.0(1.890)
BWG(BWX),BWM	59.6(2.345)	42.0(1.655)	59.9(2.360)
NWG(NWX),NWM	75.3(2.965)	54.7(2.155)	75.7(2.980)
HWG	98.8(3.890)	76.2(3.000)	99.2(3.907)
“W”组—“T”型			
RWT	9.5(1.160)	18.7(0.735)	29.9(1.175)
EWT	37.3(1.470)	23.0(0.905)	37.7(1.485)
AWT	47.6(1.875)	32.5(1.281)	48.0(1.890)
BWT	59.6(2.345)	44.4(1.750)	59.9(2.360)
NWT	75.3(2.965)	58.8(2.313)	75.7(2.980)
HWT	98.8(3.890)	81.0(3.187)	99.2(3.907)
大口径型			
$2\frac{3}{4}\times3\frac{7}{8}$	97.5(3.840)	68.3(2.690)	98.4(3.875)
$4\times5\frac{1}{2}$	138.1(5.435)	100.8(3.970)	139.6(5.495)
$6\times7\frac{3}{4}$	194.4(7.655)	151.6(5.970)	196.8(7.750)

续表 5-1

型号	钻头型号		扩孔器外径和钻孔直径 mm(in)
	外径 mm(in)	内径 mm(in)	
绳索型号			
AQ		27.0(1 1/16)	48.0(1 57/64)
BQ		36.5(1 7/16)	60.0(2 23/64)
NQ		47.6(1 7/8)	75.8(2 63/64)
HQ		63.5(2 1/2)	96.0(3 25/32)
PQ		85.0(3 11/32)	122.6(4 53/64)

(1)工程师团进行的大多数基岩钻探是用车载回转钻机完成的,交通条件差的地区有时也用滑行钻机。回转钻机由汽车发动机或独立的发动机提供驱动动力,以回转作用加上作用在钻头上向下的压力和钻进冲洗液的清洗作用来进行钻进。通常使用的输送机械装置有两类,车载回转钻机配置的是链关机械,钻进能力为 60 ~ 300 m 深度;液压驱动回转钻机的钻进能力为 150 ~ 750 m。

(2)软弱带和节理、裂隙密集带的岩芯采取率尤其重要,从地基承载和稳定性的角度来看,这些构造分布区往往是关键部位。在软弱或破碎的地层内使用较大口径的岩芯管能提高岩芯采取率,提供尺寸更合适的室内试验试样。评估较大口径的优点必须结合其较高的费用分析来确定。

(3)虽然大部分基岩钻孔为直孔,但有时为了更好地确定地层岩性和节理等构造面的情况,需要布置斜孔或水平孔。在钻孔资料中,与钻进方向近垂直的结构面反映得比较多;而与钻进方向近平行的结构面因被钻孔钻穿的概率较小,钻孔资料所反映出的发育程度会比实际低得多。大坝坝肩和河谷坝基段、溢洪道、隧洞沿线及其他建筑物地基中陡倾角节理的勘察必须布置斜孔。近垂直岩层分布区,采用斜孔可以减少为获取所有地层岩芯样所需要的钻孔总数。

(4)欲根据钻孔岩芯准确查明地质构造,需要采用包括定向取芯在内的钻孔技术。这类技术,利用一种特殊的钻探工具在岩芯上刻线(Goodman,1976),以保持其方位。这样,可以确定所有节理、层面等结构面的倾向和走向。更常用的确定构造形迹倾向和走向的方法是采用钻孔照相或孔内电视。如果场地内地层的产状变化小,可以采用定向取芯,钻进方向与层面斜交。一旦采用定向取芯,从岩芯上可以直接量出结构面的产状。

(5)直径在0.6 m(2 ft)及以上的大口径钻孔偶尔用于大规模或关键性建筑部位。大口径钻孔能直接观察钻孔或竖井的侧壁,提供获取高质量原状试样的通道。对孔壁进行直接观察可以了解一些细部情况,如薄的软弱层和剪切面,这类结构面用连续不扰动取样可能是探查不清的。土或软岩的大口径钻孔一般用螺旋钻,坚硬的岩石用大口径岩芯管成孔。

5-6 填筑体施钻

工程师团制定了有关土石坝坝体、堤身及其土基钻探作业的专用规程(ER 1110-1-1807)。过去,曾用压缩空气等作为冲出岩粉、稳定钻孔、冷却和润滑钻头的循环介质。在以空气、泡沫和水作为循环介质的钻进作业过程中,曾发生了数起危害坝体、堤身和地基的事故。危害种类有:空气或空气加泡沫介质对坝体、堤身所造成的气压致裂作用,水介质对堤身和堤基物质的侵蚀作用和水压致裂作用。新的堤防规程确定了土堤/坝及其地基钻探作业应遵守的规定,并取代ER 1110-1-1807。以下总结了新规范中的几个要点:

a. 土坝、堤防钻探作业人员必须有较高的资历和丰富的经验,由岩土工程师或工程地质师来设计和批准钻探工作,而钻探工和泥浆工也应是相应专业领域的技术能手。

b. 堤基上的钻探作业禁止用压缩空气等气体和水作为循环介质。

c. 堤身上钻孔,建议采用绳索钻具、麻花钻和回转钻探方法。据某兵团报告,用冲钻(一种钢丝绳钻机)在没有破坏心墙的情况下取出了深达 90 m 的黏土心墙样。如果采用绳索钻进方法，在堤坝与覆盖层中取样钻具必须用空心取样（驱动式）筒。本手册的附件 F 页 3－6 论述了冲钻的使用情况。如果采用回转钻进，必须使用专为该工程设计的能防止淘蚀和尽可能不侵蚀填筑体的钻进冲洗液（泥浆），ER 1110－1－1807中的附件有回转钻进的详细资料。

第二节　钻孔验收和编录

5－7　目的

现场勘察工作的一个主要组成部分是编制精确的钻孔柱状图，据此得出地质、工程地质和岩土工程资料。每个钻孔的现场编录资料应准确、全面地记录钻孔所揭露的地层岩性和钻探、取样与原位试验过程中所获得的有关资料。为达到这个目的，钻孔作业期间，应该有现场值班员在场，值班员必须由有经验的地质师、岩土工程师或者受过优秀岩土工程培训、有一定经验的土木工程师来担任。现场值班员的工作任务如下：

a. 确定孔位、孔深、取样数量和质量；

b. 观察、描述钻探工具和钻进方法；

c. 观察、划分并描述地层岩性和结构面；

d. 选择和保存试样；

e. 进行土的现场试验（手持式贯入仪、Torvane 剪切试验）；

f. 场地情况和岩芯照相；

g. 观察、记录钻进作业和地下水位量测；

h. 监视、记录仪器安装过程；

i. 完成钻孔柱状图，按 ENG 表 1836 填写，将资料输入 BLDM；

j. 记录原位试验的数据资料。

钻孔柱状图一般要提供给承包商，用于准备投标文件。根据钻孔柱状图上的描述，承包商应该能够了解到将要遇到的岩土体的类型及其原位条件。必须注意在柱状图上应确保清楚地说明现场观察结果与室内试验结果之间的差异。有关土的鉴定与描述、取岩芯和岩芯描述方面的指导见本节的其余部分。

5－8 土的鉴定和描述

对土进行全面、精确的描述，对确定设计所需的土的总体工程特性和预测其对施工的影响十分重要。描述时必须识别出土的类型（黏土、砂等），按规范要求进行分类，并说明其组成物质的总体性状（软的、硬的，松散的、密实的，干的、湿的，等等）。场地内的土的特性描述可为下一步的地下勘探工作、选取试样进行详细试验和绘制综合性的地质剖面提供参考。钻孔柱状图上应包括土的现场定名和其后的室内试验结果及其他钻进资料。土应根据 ASTMD 2488－93（ASTM 1996b）进行描述。民用工程，用得最广泛的土的分类标准是统一土分类系统（USCS）。USCS 中列出了现场确定塑性、膨胀性、干强度、级配等工程参数的方法。USCS 由 Schroeder（1984）创立，并在技术报告 3－357（USAEWES，1982）中进行了描述。有许多参考书给出了土的物性评估的具体方法，如 Cernica（1993）、Lambe 和 Whitman（1969）、Terzaghi、Peck 和 Mesri（1996）及 Means 与 Parcher（1963）。有的工程，采用 Munsell 图表作为颜色的描述标准。某些方法，如测定干强度贯标，在一定的现场条件下可能是行不通的，在必要的时候可以取消。不过，如果认真按照方法表格中所列的步骤进行识别、描述，就能描述得很全面。附件 D 中有按工程表格（ENG 表 1836）格式描述的土的实例，也有按钻孔编录资料管理格式编制的井柱状图实例。

5－9 取芯

取芯钻探，如果能够精心钻进并作好记录，则能提供非常宝贵的地下地质资料。工作基本程序和获取的资料共同为进行各种场址与地质条件的类比奠定了基础。下列各节介绍了钻孔取芯操作时的观察记录过程。

a. 钻进观察

取芯操作过程中能得出大量的有关地下地质条件的资料，这种资料在取出的钻孔岩芯中有的是体现出来的,有的是见不到的。因此,应对钻进的操作过程进行观察并作记录,以便尽可能地提供有关地下地质情况的全面资料。

(1)当取芯钻进时以水作为循环介质,值班员应记录对应于钻杆注入量的回水量和回水颜色。仔细观察回水的变化,可从中预估各段压水的吸水量及其对应关系。回水颜色的变化可以说明地层的变化及风化程度,如黏土充填的节理和洞穴充填物等。

(2)在可能情况下,应记录每一钻次钻机施加的液压和冲洗水的压力。钻机转动时,值班员应注意钻进深度与钻机反应状态(如均匀的或剧烈振动)的关系,操作控制阀时减、增压的情况和贯入速率。掉钻处表明有孔洞,必须记录。钻进速度的变化与岩石成分和结构有关,在岩芯采取率低的区域,钻进速度可能是唯一能说明地下地质条件的资料。

b. 有关钻进方法的资料

不管钻探项目是怎么要求的,钻孔柱状图至少应该包括以下资料:所使用的岩芯钻头和岩芯管的尺寸、类型;钻头变换的情况;套管的尺寸、型号和下入的深度;所用的套管管靴或套管头;下套管过程中所观察到的情况;钻进过程中套管下入深度的变化;钻次长度/深度(各钻次取芯的真实间隔);实际取出的岩芯数量;岩芯损失或获得的数量及孔中残留岩芯的数量(钢尺检测)。值班员应注意取出的岩芯底部是否有凸缘,有的话说明岩芯是从钻孔底部取上来的。根据这些资料,计算出无法解释的岩芯损失,也就是不明原因丢失的岩芯。根据钻机在钻进过程中的反应和对岩芯的及时检查,得出没有取上岩芯的最有可能分布深度,在岩芯箱中用方块或间隔条表示,并在柱状剖面中表示出来。清洗钻孔,测出总深度,确定最后一个钻次遗留在孔内的岩芯数量。

5－10　岩芯编录

对每一种地质要素的描述方式应满足:他人能从岩芯编录资料中可以看出描述的是什么地质要素,这个要素在孔内所处的位置,以及其厚度或规模。还应包括岩芯外观方面及与其物理特性相关的一些描述。柱状图应包括从岩芯上能观察到的与岩石和结构面相关的所有资料。按 ENG 表 1836 格式描述的岩芯编录实例见附件 D。

a. 岩石描述

岩芯中的每一种岩性都要进行编录。每一岩层的分类和描述应尽可能的全面,建议按如下顺序描述:

(1)岩组名称(如 Miami 鲕状岩,Clayton 组,Chattanooga 页岩)。

(2)岩石类型和岩性。

(3)硬度、相对强度或固结程度。

(4)风化程度。

(5)结构。

(6)构造。

(7)结构面(断层、裂隙、节理、夹层)。

(a)与岩芯轴线的夹角;

(b)粗糙度(表面的粗糙程度);

(c)如有充填物或附有薄膜,描述其性状;

(d)锈斑情况;

(e)紧密性。

(8)颜色。

(9)溶蚀和孔洞发育情况。

(10)膨胀性和水解性。

(11)矿化作用、包体和化石等的补充描述。

这些要素的描述准则见表 B-2(附件 B)。岩石和岩体的岩土工程描述的指导见 Murphy(1985)。地质学会工程组报告(GSEGWPR)于 1995 年提出了工程上风化岩石的描述和分类系统。未包括在总说明内、与该层的总体描述有差异的地方,应在见到该要素的岩芯深度范围内加以说明。对这些特殊地质现象应该用能充分描述其特征或变化的术语来说明,使其与总说明区别开。这类地质现象包括不同颜色和结构的岩带或夹层;锈斑;页岩夹层,石膏层,燧石结核和方解石体;矿化带;晶簇区;节理;破碎带;张开的和/或附锈斑的层面,粗糙度,平直度;断层,剪切带和断层泥;洞穴,规模大小,是张开的还是充填的,充填物的性质;最后一次提钻残留在孔底的岩芯。

b. **岩石质量指标**

一种简单、应用广泛的岩体质量度量标准为岩石质量指标(*RQD*),仅考虑长度大于等于 10 cm 的完整岩芯。实际工作中,测出每一钻次的 *RQD* 值,标在 ENG 表 1836 中。现行的许多岩体分类系统跟 *RQD* 有关。因使用广泛、量测容易使其成为取芯孔最重要的资料之一。这是在钻进时进行的岩芯质量定量测量,在岩芯处理和未受明显崩解影响之前进行,这也是其优点之一。Deere 等(1989)重新评估了 20 年来 *RQD* 使用经验,建议在评估现场使用结果之后,修正最初的 *RQD* 计算方法,如图 5-1 所示。

(1)*RQD* 最初是针对 NX 型(直径 5.474 cm)岩芯提出的,但 Deere 等将之延伸应用于更小一些的 NQ 型绳索取芯(直径 4.763 cm)和大至 8.493 cm 的绳索取芯钻进及直径达 15 cm 的岩芯。更小的 BQ 型(3.651 cm)和 BX 型(4.204 cm)岩芯因其易破损,他们不鼓励使用 *RQD*。

(2)如图 5-1 所示,岩芯块的长度应沿岩芯的中线或轴线量测。

(3)计算 *RQD* 时值班员应该忽视机械破碎(钻进过程或岩芯处理所造成的破碎)。

(4)*RQD* 应在岩芯刚取出时测量,这样就避免了后期搬运所造成的影响和页岩一类岩芯沿层面裂开。

(5)重点应注意岩芯是否“完好”。主观上判断不能达到“坚固性”试验要求的岩芯块不能统计在内。“非完好”岩芯的标志有变色、颗粒或晶体脱色、锈斑浓重、点蚀和软弱纹理界线。非完好岩石与“强烈风化”岩石相类似,都是以整个岩块均遭受风化为特征。

自从 Deere 等于 1989 年提出 *RQD* 可能存在结构面分析方面的不足之处,并提出相应的修正方法之后,有数篇论文也对之作了探讨。Boadu 和 Long(1994)得出了 *RQD* 与不规则尺寸(同一系统不同规模的自相似程度)之间的关系,该关系可以在破裂面分布复杂的破裂几何学上应用。Eissa 和 Sen(1991)提出了 *RQD* 在处理网状破裂面的另外一种分析方法,也就是裂隙组具一个以上发育方向的分析方法。他们还得出了类似的破裂面三维分析方法(体积方法)。必须注意结构面的

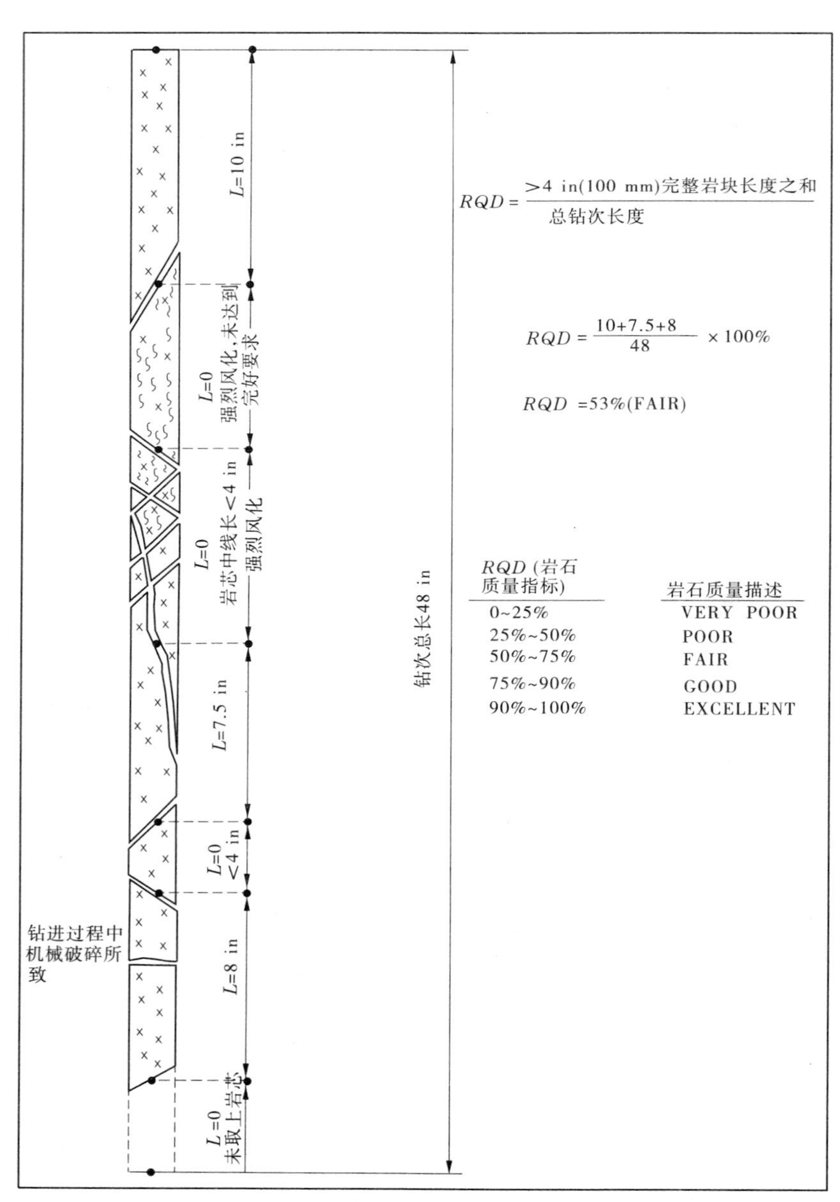

图 5-1　Deere 等(1989)修正的 *RQD* 计算方法

性质,一般这是地基岩体工程特征和边坡稳定的控制因素。

c. 溶蚀和孔洞发育情况

溶蚀和孔洞发育情况影响岩石的强度,并有可能是地下水的潜在渗透途径,应予以详细描述。钻进时一旦探测到洞穴,则应测出洞穴顶部和底部的深度。如果有充填物并且能取上来的话,则应在柱状图上与洞穴位置相对应处详细说明充填物的情况。如果没有取上洞穴内的充填物,值班员应根据钻机的反应和回水颜色的情况说明洞穴可能的状况。如果钻进情况表明有充填物存在,例如钻杆下落缓慢、钻孔用水没有损失,或者回水颜色有明显的变化,则应在柱状图上注明洞穴有可能是有充填的,并尽可能根据取上来的岩粉和岩芯上残留的迹象加以描述。如果钻进情况表明洞穴是空的,即下钻时没有感到有阻力或钻进冲洗液流失,这也应在柱状图上加以说明。以同样的原则注明部分充填的洞穴。若有可能,充填物应进行取样和保存。在钻场当场编录岩芯时,应在岩芯箱内的相应位置放置定位的隔板,表示孔洞和岩芯的损失情况。

d. 照相和录像

所有岩芯样都要进行彩色照相。岩芯取出后应尽快照相。岩芯照片可洗成20 cm×25 cm(8 in×10 in)的照片,一张照片可包括2个或3个岩芯箱。照片放在活页相册内,方便使用。照片通常可以增进对岩芯的描述,尤其是构造比较发育的地方。当岩芯丢失或受到损坏的情况下,照片记录便是了解地下地质条件唯一直观的方式,而无需重新钻进。钻进过程的录像则是钻进设备和钻进方法的极佳记录,另外,录像有时能记录到当时不明显的,或者来不及手动记录的关键情况。

5-11 钻孔柱状图的格式和钻孔编录资料管理程序

所有土层和岩石钻孔柱状图以 ENG 表 1836 格式作为标准、正式记录格式。一般说来,每张图上的深度标尺一般为每页 3 m(10 ft),且不能超过6 m。附件 D 内有完整的钻孔柱状图实例。COE 人员通过 CEWES-GS-S 能免费得到基于 PC 机的菜单式钻孔编录资料管理程序(BLDM)。该程序允许用户生成和维护钻孔资料、打印报告和生成可导入 GIS(Nash 1993)的数据文件,实例见附件 D。

第三节　钻孔检查和测试

5－12　物探测井

现在有各种各样的孔内地球物理探测器，测量各种岩土体性质（见表4-1和表4-2）。物探测井不能替代岩芯取样和分析，但它是一种岩芯取样记录的经济且实用的补充，一些复杂的岩体工程性质分析可以通过孔内地球物理学来完成。商业测井公司和各政府代理机构可以提供这种服务。近来微机技术的发展和应用，使钻孔地震波和电阻率的成果资料能够转换成孔间图像，通过计算机对孔间地震波和电阻率测试资料的分析，可以生成能反映地下特征的三维解译图像。图像的详细程度与孔间距、发射源的能量大小和岩土体的性质有关。硬化和未硬化的地质体均能使用此方法。

5－13　孔内扫描和摄影

了解场地地下地质条件时，仅根据钻孔岩芯样的观察、研究和试验结果对地下情况作出解释往往会有局限性。切取岩芯后的孔壁保留了岩层所有结构要素的原位情况，反映了地下的地质情况。对孔壁岩石进行观察很重要，尤其是钻孔操作期间部分岩芯缺失和需要了解结构面的真倾向和真走向情况下。孔内观察和照相设备有钻孔观察镜、照相机、摄像机、声像测井仪、测径仪和钻孔准线测量仪器。声像测井仪和测径仪详见EM 1110－1－1802所述。商用测井或钻探设备厂家和美国陆军工程师团水道试验站有钻孔准线测量仪器。现在孔内观察系统和设施一般由有能力的私人部门或少数COE办事处提供。

5－14　钻孔照相机和钻孔观察镜

焦距有限的钻孔胶片照相机能满足钻孔孔壁基岩特性的观察要求。然而，由于观察的范围小，焦距有限，在有洞穴的钻孔内的实用效果降低。这种照相机最适用检查钻进时有时取不出岩芯的软弱带、查明岩层中重要结构面的走向和倾向，以及评估岩体中灌浆结石情况。照相机的胶片在对图像进行分析之前必须进行加工处理。钻孔观察镜，实际上是一种管状潜望镜，由于其观察范围和深度有限、操作比较麻烦等因素限制了它的实用性，但是相对来说费用较低。

5－15　钻孔电视摄影机和声波成像

电视摄影机的焦距是可以变化的，适合于探测未回填钻孔或充有清水的钻孔中洞穴段的特性和大致尺寸，提供实时图像和录像时段的永久记录。声像（电视观察）系统利用声波脉冲生成钻孔孔壁的图像，可在有钻进泥浆的孔内使用。电视摄影机用于探测岩体内的洞穴，如灰质岩层内的溶蚀性孔洞、火山岩、矿山、隧洞和竖井内的张开的冷缩节理与熔岩通道。大部分摄像系统都能进行轴向（向孔下）和径向（孔壁）拍摄。电视观察仪用于识别破碎带、软弱夹层、洞穴和其他结构面。岩性和孔隙率的变化有时也能区分出来。专门设计的钻孔摄像机和声像或电视观察仪能用于查明孔壁上结构面的走向和倾向。

5－16　钻孔孔斜测量

当钻孔的偏斜或方位很重要的时候，一般需要进行钻孔孔斜的测量。老方法是利用罗盘和相对较容易使用的摄影系统，比较现代的方法是电测式。对需要安装观测仪器的深孔和要求精确查明岩层的结构要素的钻孔来说，孔斜测量有时是很关键的。

第四节　勘探开挖

5－17　试坑和探槽

用推土机、反铲、小型铲运机、索铲或挖沟机械等设备可以快速、经济地开挖试坑和探槽。开挖深度一般在6～9 m（20～30 ft）以内，如果人员需要进入坑槽内，则侧壁视情况进行支护。手工开挖结合气压式手提钻和钢栏支护，可将试坑的深度开挖到18 m以上。试坑和探槽一般只用于地下水位以上的勘察，开挖到地下水位以下的试坑需要用气压式或电动式水泵排水。探槽一般用于查明断层，通过探槽的开挖，如果发现断层一直从基岩延伸到地质年代较新的覆盖层中，通常就认为该断层为近代活动断层。浅试坑通常用于潜在天然建筑材料料场的勘察、查明地貌历史和评估耕作资源的潜力。

5－18　大口径钻孔

大口径的萼形孔曾在某些工程中成功应用，为直接观察地基中的关键性要素提供通道。由于这种孔的钻进费用很昂贵（每米在 2 300 美元左右），使其应用极为有限。但是，当用其他方法无法达到原位观察的目的时，如拱坝坝肩中的剪切带和溶蚀孔洞等极敏感要素的观察，大口径钻孔可作为选择方法之一。

第五节　地下水和地基渗透研究

5－19　总体调查

地下水研究的范围取决于拟建工程的规模和性质。研究范围随工程的不同而有所不同，有水库工程大范围的区域性研究，有特定场地的专项研究，如排水井设计项目的抽水试验、娱乐区供水项目的抽水试验和为评估基础灌浆必要性而进行的压水试验等。地下水研究包括泉水流量即有水井、钻孔、所选观测井及测压管水位的观察和测量。将这些观测资料与场地、区域地质资料相结合，确定水位高程（测压管液面高程）和渗流剖面、水位高程的波动、上层滞水存在的可能性和分布位置、含水层埋深、渗流方向与速率，以及未来库区和坝基（堤基）发生渗漏的可能性。综合性调查工作应在对现有资料和易获得的资料经过全面分析之后方可进行。地下水和地基渗漏研究成果为工程排水及渗漏控制系统设计提供资料、说明工程运行造成地下水源污染的可能性、表明工程施工对含水层的影响、确定地下水的化学和生物特性及其与工程要求的关系。调查和连续监测地下水位的变化是涉及大坝安全问题的关键项目。

a. **井**

在现场地质踏勘期间找到的水井应该测水深或者从井的主人那里获得有关井水水位的资料。尽量收集地下水的抽水量、水位的季节性变化、抽水降深、井深、过滤器的高程和腐蚀问题等相关资料。因抽水所造成地下水位降低而引起的所有沉陷记录都要收集到,将这些资料与初步室内研究期间收集的水井资料相比较,得出工程区完整的水文地质概况。

b. **钻孔**

钻孔柱状图上记录的水位是另一种资料来源。然而,它们可能反映不出真正的地下水位,这与土层的类型和水位观测距离钻进之间的时间间隔有关。评估钻孔资料时必须考虑钻进冲洗液对水位的影响,钻进冲洗液的损耗能说明高渗透段的分布。凡是需要了解地下水位的地方,应考虑在钻孔内安装测压管或布置观察井。

c. **测压管和观察井**

确定地下水位最可靠的手段是安装测压管或观察井,测压管可测量坝下和堤下的超静水压力。布置测压管和观察井位置时必须考虑初步研究阶段收集到的所有区域水文地质资料。有关测压管的类型、结构和测深装置,请参阅 EM 1110 -2 -1908 第一部分和 TM 5 -818 -5/AFM 88 -5 的第六章 NAVFACP 第 418 页。所有安装测压管的钻孔均应仔细编录,画出安装结构图,说明所有安装和回填的细节。

(1)由于所记录的地下水位是滤网或过滤器长度内所有间隔的最高点,因此过滤器间隔的选择对所测资料来说是很关键的。仔细评估孔内条件,确定是上层滞水含水层或是承压含水层,是明智选择滤网间隔和解读资料的关键所在。测压管或观测井的最大优点之一是可以随时测出管中水位的变化。要利用这一优势,必须定期测量水位。根据所监测区域的重要性和观测孔的位置决定,是采用人工定期测量,还是配备自动观测系统。

(2)从观测井和测压管还可以得到水温、水质方面的资料,有时可以通过示踪试验,确定地下水的流向和流速。

d. 泉水和地表水

测量在工程区范围内所有泉水的水位、流量和水温，取水样进行化学分析，确立其基本等级。评估泉周围的土层或岩层，确定透水层。测量旱季和雨季的泉水流量，查明降雨对渗流的影响。测量旱季和雨季湖泊与池塘的水面高程，评价地表水的波动幅度。

e. 地球物理勘探方法

物探方法，如地震折射法，可以用于确定饱和带的埋深。根据精度要求和物探方法所能达到的精度，至少按最低要求布置测压管数量，以验证物探资料的准确性。地表电阻率测试能表明是否存在地下水及其埋深。探地雷达也能用于探测地下水的分布情况。Fetter(1988)论述了物探方法在水文地质调查中的应用。

f. 示踪试验

有的地方，特别是喀斯特地区，查明地下水的渗流途径很重要。虽然喀斯特中的渗径很复杂，但可以在流速高的地方，通过示踪试验还是可以估计出流动路径。示踪剂可以是环保的染色剂，也可以是花粉一类的生物示踪剂。从钻进或其他通道放入追踪剂，从泉等出口点监测，记录从放入到观察到所用的时间。通过在不同位置进行多个试验，得出地下水的流动模式。

5－20　渗透试验

地基岩土体的渗透性可根据测压管和观察井内的抽水试验、原状样室内试验及基岩段的压水试验来确定。砂的渗透性可根据 D_{10} 粒径组大致确定(TM 5－818－5)。在估算基岩渗透性的时候，裂隙和节理的分析颇为重要。

a. 测压管或观察井内的试验

在测压管或观察井内进行渗透试验比较容易，应该作为测压管安装的一部分工作来进行，既可以获得有关渗透性方面的资料，又可以验证测压管是否正常工作。相适宜的测压管渗透试验有定水头、降水头或升水头和滞流试验。这种渗透试验得到的资料所代表的岩土体体积比抽水试验要小，但这种试验方法简单、费用低，如果对试验资料解释得当，其结果是有用的。详见 EM 1110 – 2 – 1908（第一部分）、TM 5 – 818 – 5、美国内务部（1977）等。

b. 抽水试验

抽水试验是确定砂、砾石和岩层渗透性的常规方法。在距抽水井不同距离位置布置观测井，测量初始和抽水后的地下水位。对于确定的或潜在的 HTRW 场地，主要考虑抽出来的水如何处置。抽水试验和结果分析方面的详细情况参见 TM 5 – 818 – 5。下列情况通常会进行抽水试验：

（1）有排水要求的大型或综合性工程；

（2）堤、坝地下渗流系统的设计；

（3）特定含水层研究；

（4）靠打井供水的工程；

（5）紧临既有堤坝下游的工程。

c. 岩体的渗透性

大部分岩体除颗粒间存在空隙外，还发育有复杂的、互相连通的节理、裂隙、层面和断层带，形成地下水的渗流通道。裂隙节理的透水性往往要比岩体或节理之间的岩块高几个数量级。砂岩和砾岩一类岩体的透水性受空隙控制，类似于土体。灰岩和白云岩的次生风化和溶蚀作用会形成大的空隙，使其透水性极高。尽管岩体的透水性取决于连通节理裂隙的发育情况和岩石的空隙，但往往可以用均匀的多孔系统来模拟与其相当的渗透性。虽然这种水文模型易于操控，但难以反映大多数岩体在透水性方面的各向异性，这样在实际工程中就很容易过高或过低地评估岩体中地下水的影响。例如，抽水试验时，若观测井是沿与主含水节理组垂直的方向布置的，其结果将会低估沿节理组方向的影响半径。因此，抽水试验的布置方案必须预先仔细考虑，在布置抽水试验之前至少应对主要节理、裂隙组进行分析研究。

d. 裂隙和节理分析

鉴于大部分岩体的透水性是由节理或裂隙控制的，因此对原位岩体的破碎情况作出精确的描述对于预测排水系统、井的性能和测压管的灵敏度来说是很关键的。大部分节理按其产状来分组，岩体中有可能发育三组或更多组的节理。查明场地岩体中发育的节理组数，并记录每一组节理组的主要产状及其变化范围。每一组节理的发育方向、间距、宽度及充填次生矿物的类型和充填程度等均应仔细记录。有了某一场地的所有节理组的统计分析和评估之后，就需要评价各节理组对地下水渗流的重要性。通过从看得见的基岩露头和钻孔岩芯了解场地的地层岩性与构造，评估节理、裂隙发育情况。

5－21　压水试验

a. 压水试验的目的是测定一段岩体的渗透性，试验成果用于评价地基的渗漏和评估灌浆工作。压水试验一般在勘探取芯孔施钻期间进行，是一种较为经济的获取岩体重要水文地质资料的方法。当岩石的渗透性会影响工程的安全、可行性或经济评价时，压水试验应作为勘探取芯孔的必要组成部分来考虑。试验段长一般为 1.5 ~ 3 m（5 ~ 10 ft），可以根据取芯孔在钻进过程中观察到的地质情况来确定。根据以下方面确定试验段的条件：①检查刚取出来的新鲜岩芯；②记录钻孔回水损耗或增加的位置；③记录掉钻的情况；④进行钻孔或电视摄影测量；⑤进行孔内的地球物理测试。近直立或陡倾角节理发育的岩体，有必要布置斜孔，以获取实用的资料。试验类型和试验方法见 Ziegler（1976）、美国内务部（1977）和 Bertram（1979）等文献。

b. 为了避免岩层发生抬动破坏，试验时施加到试验段上的压力通常在测压管水位以上深度应限制在 23 kP/m（1 psi/ft），测压管水位以下深度应限制在 13 kP/m（0.57 psi/ft）。对于整体块状火成岩和变质岩来说，这种限制是比较保守的。然而，在水平层状的沉积岩和其他类似岩层中进行试验时必须严格遵守这一限制。在计算极限试验压力时应考虑天然存在的超水压（承压水）。当试验段长较大时，有时需要降低总压力，防止试验段上部的岩层被顶起。

c. 压水试验过程中一个重要但往往认识不到的现象是加压和减压时节理的膨胀与收缩现象。大坝工程中，采用的压力宜与将来水库情况相对应。节理的膨胀现象往往通过“持压”试验可以观察到，观察压力降低情况，并画出压力与时间的关系曲线。如果节理的张开宽度是相同的,则压力应该很快就降低到接近周围的测压水位。持压试验中通常能观察到缓慢的压力降低现象,这表明随着压力降低节理趋于闭合。

d. 根据压水试验的原始资料,可对渗漏和灌浆的必要性进行定性评价。大部分这类分析假定的是层流而不是紊流。这种假设成立与否可通过在同一试验段进行不同压力级的压水试验得到论证。当吸水量与施加的总压力成正比时,可假定为层流。如果将压水试验资料换算成相当的渗透系数或导水率,便可用于计算渗漏量。可能的话,这类计算结果应该与地质条件相类似的已建工程资料进行比较。

第六节　确定岩土工程特性的原位试验

5－22　原位试验

原位试验通常是确定岩土体工程特性的最好手段,某些情况下是获取有效成果的唯一方法。表 5-2 列出了原位试验的项目及其目的。原位试验用于确定节理发育岩体的地应力和变形特性(模量)、节理发育岩体或岩体内关键软弱夹层的抗剪强度,以及岩体中软弱夹层或结构面的残余应力。

表 5-2　岩土体的原位试验类型

试验目的	试验类型	适用性	
		土	岩石
抗剪强度	标准贯入试验(SPT)	×	
	现场十字板剪切试验	×	
	圆锥贯入试验(CPT)	×	
	直剪	×	
	平板载荷或千斤顶试验	×	×[1]
	钻孔直剪[2]	×	
	旁压试验[2]		×
	单轴抗压[2]		×
	钻孔千斤顶[2]		×

续表 5-2

试验目的	试验类型	适用性	
		土	岩石
承载力	平板载荷	×	×[1]
	标准贯入	×	
地应力	水压致裂	×	×
	旁压	×	×[1]
	套钻		×
	扁千斤顶		×
	单向(隧洞)千斤顶	×	×
	钻孔千斤顶[2]		×
	洞室(廊道)压力[2]		×
岩体变形	物探(折射)	×	×
	旁压或膨胀计	×	×[1]
	平板载荷	×	×
	标准贯入	×	
	单向(隧洞)千斤顶	×	×
	钻孔千斤顶[2]		×
	洞室(廊道)压力[2]		×
相对密度	标准贯入	×	
	原位取样	×	
	圆锥[2] 贯入	×	
液化敏感性	标准贯入	×	
	圆锥贯入试验(CPT)[2]	×	

注:1. 主要用于黏土页岩、全风化或中等软岩和夹有软弱夹层的岩石;

2. 不常用。

a. 土、黏土页岩和湿敏性岩石

土、黏土页岩及湿敏性岩石,其原位试验结果的解释要求考虑试验期间可能出现的排水情况。试验期间的固结使之难以确定试验成果是对应不固结—不排水、固结—不排水，还是固结—排水条件，或者是介于这些极限状态之间的某一种状态。圆锥贯入试验(CPT)对于探明软弱层、定量确定不排水强度与深度的关系非常有用。解释原位试验成果时，要全面评估试验条件和试验方法本身的局限性。评估因含水量变化而收缩/膨胀土的标准试验方法见 ASTMD 3877 - 80(ASTM 1996h)。

b. **岩石**

天然的节理、层面等结构面往往将岩石切割成一系列不规则形状的岩块，在不同的加荷条件下，相当于一个不连续体。节理发育岩体在荷载作用下，岩块之间会发生压缩、滑动、楔入、转动及可能破碎等复杂的相互作用。单独的岩块往往具有较高的强度，而结构面的强度一般相对较低，并且具有明显的各向异性。通常，结构面基本上没有抗拉强度。因此，系统内的力学不能用一般的力的分解分析方法解答。大型原位试验反映了这种复杂相互作用的综合结果。岩石原位试验的费用往往较高，需要承受大而集中荷载的工程才会进行这类试验。但是，试验进行得成功的话，有助于减少保守的设计假设，从而减少投资。这种试验应布置在与拟建建筑物区总体地质条件相同的地段内，试验荷载方向亦应与拟建建筑物加荷方向相同。

5-23 确定抗剪强度的原位试验

表5-3列出了用于确定岩土体抗剪强度的原位试验。Nicholson(1983b)和 Bowles(1996)论述和比较了原位剪切试验。

a. **标准贯入试验(SPT)**

场地初步评估阶段，标准贯入试验很有用。根据经验，由 N 值可以判断出地震液化的可能性(Seed,1979)，并且对桩的设计也有用处。在黏性土中，N 值可用来确定需要采取原状样的位置。N 值也能用于评估承载力(Meyerhof,1956;Parry,1977)、土的无侧限抗压强度(Mitchell、Guzikowski 和 Villet,1978)和地基沉降(Terzaghi、Peok 和 Mesri,1996)。

表 5-3　确定抗剪强度的原位试验

试验名称	适用性		参考文献	备注
	土	岩石		
标准贯入	×		EM 1110 – 2 – 1906 附件 C	只作为强度的指标试验使用，建立当地的相关性。无侧限抗压强度（t/ft^2）通常为 N 值的 1/6 ~ 1/8
直剪	×	×	RTH321[1]	费用高，当无法取原状样时使用
原位十字板剪切	×		EM 1110 – 2 – 1906 附件 D，Alkhafaji & Andersland（1992）	使用强度折减系数
平板载荷	×	×	ASTM[2] 名称 D 1194 ASTM SPT 479[3]	试验期间可能会出现固结，评估固结的影响
单轴抗压		×	RTH 324[1]	主要用于软岩，鉴于必须进行几组试件不同大小的试验，费用高
圆锥贯入（CPT）	×		Schmertmann（1978a）；Jamiolkowski 等（1982）	黏土的固结不排水强度需要估算承载系数 N_c

注：1. 岩石试验手册（USAE 使用权 1993）；
2. 美国试验和材料协会（ASTM 1996a）；
3. 专业技术刊物 479（ASTM 1970）。

b. Becker **贯入试验**

与 SPT 相类似，利用 Becker 钻具（节 5 –5（2））能够评估包括砾石等粗粒土在内的原位强度等指标。Becker 贯入试验见 Harder & Seed

(1986)所述,记录套管每贯入土中 1 ft 所需要的锤击数。试验时用敞开式套管和堵头钻头,一般用外径 14 cm 或 17 cm 的套管和钻头。Becker 锤击数与 SPT 锤击数的相关关系已确立,这样 Becker 资料就可以用于地基勘察和粗粒土的地震液化评估。

c. 直剪试验

原位直剪试验费用高,只有对当前的抗剪强度资料有怀疑,或者硬岩中夹有薄层连续性较好的软弱夹层时才做这种试验。大部分岩体的强度,也就是建筑物的稳定性,往往取决于这种将岩体分成两部分的结构面。结构面抗剪强度的控制因素有加在界面上的荷载、结构面的粗糙度、岩块之间充填物的性状和结构面内的孔隙水压力(Nicholson,1983b)。原位直剪试验是将岩体试件(岩石和结构面)周边的岩体清除,然后垂直试件结构面方向施加法向荷载,平行结构面方向施加剪切荷载,测出结构面的剪切强度。直剪试验的优点有:①与现场条件的适应性,即在探槽、平硐、隧洞和大口径钻孔中均能进行;②由于破坏面和破坏方向可在试验之前选定,能满足各向异性条件,是确定结构面抗剪强度的理想试验;③允许沿破坏面体积增大。直剪试验的缺点是费用高,测出的仅是沿某一潜在破坏面的强度,并且有时剪切时施加的法向应力不均一。基于后一个缺点,一部分工程师喜欢三轴压缩试验,这种试验也是在原位测定抗剪强度(Ziegler,1972)。直剪试验测定岩体在不同法向应力作用下的峰值强度和残余强度,其成果往往用于边坡稳定极限平衡分析或大坝的基础等大型建筑物的稳定分析中。当现场有迹象表明,不论是薄层还是大的岩体中,由于存在节理、擦痕或老的剪切带,能利用的只有残余强度时,就会有必要进行原位直剪试验。土层基本上不做原位直剪试验,但是黏土页岩、固结黏土、极软弱岩石和难以获取试样、连续性较好的薄层软弱夹层有的时候应当进行直剪试验。(Ziegler,1972)和 Nicholson(1983a,b)论述了原位直剪试验的原理和方法。岩石试验手册(RTH)方法 RHT 321 -80(USAEWEA 1993)中有利用直剪设备测量原位抗剪强度的建议方法。

d. 现场十字板剪力试验

现场十字板剪力试验对难以取样的高灵敏性软黏土十分有用。十字板连接在钻杆上，压入孔底的软土中，以一恒定的速率旋转，根据测得的扭力矩算出土的不固结、不排水抗剪强度。再一次旋转十字板，测出土的极限或残余强度（Hunt，1984）。十字板剪切试验成果受土的各向异性和粉土或砂夹层的影响较大（Terzaghi、Peck 和 Mesri，1996）。所施加的剪力是有方向，土体是因垂直面和水平面的剪切而破坏的。土的各向异性对试验结果的影响见 Al-Khafaji & Andersland（1992）中所述。有时试验得出的数值偏高，校正试验成果的系数见 Bjerrum（1972），Mitchell、Guzikewski 和 Villet（1978）所述。ASTM 方法 D 2573 为标准的十字板剪切试验。

e. **平板载荷试验**

平板载荷试验可在土层或软岩上进行，用于确定地基土模量，有时也用来确定强度。通用的方法是用千斤顶给直径 30 cm 或 76 cm 的承压板施加相当于设计荷载 2 倍的反作用力，测量每级压力下的变形。地基土模量定义为单位压力与单位变形的比率（Hunt，1984）。考虑到试验的费用，这种试验一般在详细设计阶段或施工期间进行。

f. **圆锥贯入试验**

利用圆锥贯入试验（CPT），可得出土层的详细资料，并可初步估计其力学特性。根据 CPT 或邻近钻孔所确定的土类（Douglas 和 Olsen，1981），可估算出黏土的不排水强度（Jamioldowski 等，1982；Schmertmann，1970）、砂的相对密度和摩擦角（Durgunoglu 和 Mitchell，1975；Mitchell、Guzikewski 和 Villet，1978；Schmertmann，1978b）。对于黏土，根据 CPT 锥尖阻力计算不排水强度时必须估算承载系数 N_c。如果不是高敏感性土和重塑土，N_c 应接近或稍稍大于 CPT 侧摩阻力（Douglas 和 Olsen，1981）。可根据计算出的不排水强度和不排水强度随深度的变化情况，利用一些技术，估算超固结比（OCR）（Schmertmann，1978b）。对于砂来说，如果超固结条件（即侧向应力比）和垂直有效应力是已知的，便可估算出砂的相对密度，摩擦角也可估算出来，但这取决于锥体表面的粗糙度及设想的破坏面的形状（Durgunoglu 和 Mitchell，1975）。机械（即荷兰）圆锥试验每隔 20 cm（8 in）测一次，用液压计测出与探头末端直接相连的内杆中传出的力。电测（PQS 或 FU-

GRO）圆锥仪以 1 m 为间隔匀速压入，电子仪表连续测量锥尖阻力和侧摩阻力。

5－24 确定地应力的试验

测量应力状态的原位试验种类见表 5-4。试验成果用于有限元分析、评估隧洞围压、查明开挖时岩爆的可能性以及确定区域活动和残余应力。应力是由自重应力、区域构造活动等构造应力及储存的残余应变能叠加形成的。地应力测量的目的是确定开挖或施工所造成的荷载变化对地基的影响。当周围的岩土体由于自然原因或因开挖而被清除掉，剩下的岩土体则趋于达到残余应力状态。大部分工程中，最大主应力方向是垂直的，即为上覆岩土体的重量。然而，从世界各地的应力测量结果来看，地表浅部，即埋深 30 m（100 ft）以内的区域，水平应力有的可达垂直应力的 1.5 ~3 倍，在勘测设计阶段查明这一情况非常重要。存在高水平应力的工程场地，人工边坡和隧洞开挖的稳定性就会受影响。原位测试是获取地应力量级和方向最为可靠的方法。测量地应力最常用的三种方法是套钻法、扁千斤顶法和水压致裂法。

a. 套钻法

测量岩体中地应力最常用的方法可能是套钻法——一种应力解除技术。其方法是钻一个 NW 型的取芯钻孔（75.5 mm），安装好观测仪器，再用较大口径的取芯管重钻，这样把观测设备周围的岩石从岩层的天然应力场中隔离开。然后，利用室内试验测得的岩石弹性模量，把观测仪器记录的应变换算成应力。至少应该在 3 个不平行的钻孔中进行 3 组单独的试验，详见岩石试验手册（RTH 341）的现场试验部分。由于试验期间许多仪器都有引线，这些引线有时易被弄断，往往使套钻法的应用受到限制，实际的测试最大深度一般小于 45 m。

b. 扁千斤顶法

扁千斤顶试验法，是在洞壁上定出两点，在这两点之间的中间位置向岩壁钻或凿一条槽，岩石中的应力使槽趋向于部分闭合。然后，在槽内插入液压千斤顶，并浇注好，将岩石顶回到原来那两点所确定的相应位置，所需要的千斤顶的压力便是现场应力的测量结果。扁千斤顶以不同的方向来安装，就可测出各方向不同的应力（Hunt，1984）。所记录的数值必须考虑隧洞本身开挖的影响加以校正。进行扁千斤顶试验需要进行开挖或利用原有隧洞，而洞室开挖的费用较高，往往使这种方法的应用受到限制，除非从建筑物的规模和现场的复杂性来看需要采用这种方法。

表 5-4　测量应力状态的原位试验

试验	土	岩石	参考文献	备注
水压致裂	×		Leach（1977） Mitchell、Guzikowski 和 Villet（1978）	只适用于正常固结或微固结土
水压致裂		×	RTH 344[1] Goodman（1981） Hamison（1978）	隧洞工程深孔中的地应力测量
十字板剪切	×		Blight（1974）	仅适用于新近压实的黏土、粉土
套钻		×	RTH 341[1] Goodman（1981） Rocha（1970）	一般只用于浅部岩石
扁千斤顶		×	RTH 343[1] Deklotz & Boisen（1970） Goodman（1981）	
单向（隧洞）千斤顶	×	×	RTH 365[1]	可用于黏土页岩、岩石和土中的侧向应力测量
旁压（Menard）	×		Al-Khafaji & Andersland（1992） Hunt（1984）	

注：1. RTH—岩石试验手册（USAEWES 1993）。

c. **水压致裂法**

水压致裂法已在土体和岩石中得到应用。用栓塞密封拟测孔段，然后，向该段施加越来越高的水压力，直到压力开始稳定，而吸水量却明显增加。这时意味着岩层开始被压裂，达到了临界压力，临界压力测的是最小主应力。然后，根据栓塞上的印痕便可确定其方位。此法能得出最小主应力的量级和方向，最小主应力与裂缝方向相垂直。水压致裂法在测试深度上没有特别的限制，但完成一个深孔却是花费很大的，往往是结合其他目的的钻孔来做这项试验。有证据表明，在离地表 30 m(100 ft)左右范围内量测到的应力不一定能反映出深部岩石的实际应力的量值和方位，特别是浅部岩层节理很发育、风化，而深部岩层比较完整的地方，也许确实如此。

5 – 25　原位变形试验

岩土体的变形特性对于大坝等大型建筑物的动态和地震分析，混凝土重力拱坝、隧洞及某些军事工程的静态设计具有重大意义，为这类目的而安排的岩土工程勘察工作应该由岩土人员和结构工程师一起确定。变形特性一般由 3 个互相依存的参数来表示：杨氏模量、剪切模量和泊松比。这些参数假设岩土体是均质、线性、各向同性的弹性体。尽管这种假定存在局限性，常常用这些参数来说明岩土体的变形性质。由于大型试验(如隧洞千斤顶试验)能减少非均质性的影响，故常常被采用。进行不同方向的多组试验可用来确定变形特性的各向异性，尤其是具非线性、非弹性的土体。结果表明，岩土体的性质往往与应变有关，即在低应变条件下确定的模量与高应变条件下的模量有很大的差别。经验表明，试样受扰动，尤其是土样，会严重影响其变形特性，这便是土体采用原位试验的主要原因。表 5-5 列出的原位变形试验类型，可以确定一个或更多个变形参数。某些试验的成果难以与基本参数相关联，但可直接在经验公式中应用(见表 5-6)。如果有很集中的荷载与坝肩处的坝拱呈切线方向作用在拱坝坝肩上，那么，节理发育岩体的变形性质就非常重要。在这种情况下，坝肩岩石与坝体混凝土的变形模量之比不能小到会在混凝土坝内形成不利的张应力。进行原位变形

表 5-5　确定变形模量的原位试验

试验名称	适用性		参考文献	备注
	土	岩石		
物探折射、钻孔对穿和单孔孔内	×	×	EM 1110 – 1 – 1802	测定试验过程中产生较小应变下的动弹模(杨氏模量)。*E* 试验值必须降至与结构物或地震荷载所产生的应变水平相对应的值
旁压	×	×	RTH 362[1] Baguelin、Jezequel 和 Shields(1978) Mitchell、Guzikowsi 和 Villet(1978)	认为试验可能有用,但未进行全面的评估,适用于土、软岩和页岩等
洞室试验	×	×	Hall、Newmark 和 Hendron(1974) Stagg 和 Zienkiewicz(1968)	
单向(隧洞)千斤顶	×	×	RTH 365[1] Stagg 和 Zienkiewicz(1968)	
扁千斤顶		×	RTH 343[1] Deklotz 和 Boisen (1970) Goodman(1981)	
钻孔千斤顶或膨胀仪		×	RTH 363[1] Stagg 和 Zienkiewicz(1968)	
平板载荷		×	RTH 364[1] ASTM SPT 479[2] Stagg 和 Zienkiewicz(1968)	

续表 5-5

试验名称	适用性		参考文献	备注
	土	岩石		
平板载荷	×		MIL - STD 621A，方法 104	
标准贯入	×		Hall、Newmark 和 Hendron(1974)	与砂的静态或有效剪切模量的相关性，单位为 MPa；黏土地基沉降。砂的静态剪切模量大致为：$G_{eff}=1\ 960N^{0.51}$ (MPa)，N 为标准贯入击数

注：1. 岩石试验手册(USAEWES 1993)；

2. 美国试验和材料协会，专业技术出版社 479(ASTM 1970)。

表 5-6　土、材料特性现场试验和结构性状之间的相关性

现场试验名称	经验相关性	备注
1 ft ×1 ft 平板载荷试验	地基反力系数，砂层上基础的沉降	Mitchell、Guzikowsi 和 Villet (1978)
雷达塔的载荷试验	地基土的杨氏模量	MIL - STD - 621A
标准贯入 N 值	砂层上基础和底板的沉降，剪切模量	TM5 - 818 - 1；Hall、Newmark 和 Hendron(1974)； Meyerhof(1956) Parry(1977) 美国陆军工程水道试验站
圆锥贯入试验	砂的 φ 值，砂层上基础的沉降，相对密度	Mitchell、Guzikowsi 和 Villet (1978) Mitchell 和 Lunne(1978) Schmertmann(1978b) Durgunoglu 和 Mitchell(1975) Schmertmann(1970) Schmertmann(1978a,b)

试验往往会遇到这样一个问题：试验所选的试件尺寸是否能满足代表性的要求，尤其是节理发育间距较大的情况下（如0.6～0.9 m）。有的工程这一问题是这样解决的：在岩石中开挖一个洞室，用不透水膜加以衬砌，在较大的面积上给岩石施加液压。

a. **洞室试验**

洞室试验是在大型地下孔洞内进行的，如勘探平硐。如果有天然洞穴、矿道一类既有的孔洞可利用，则可结合工程情况加以利用。将洞穴用不透水膜衬砌，施加液压。随着压力荷载的增加，用埋设的径向变形测量仪表记录洞径增加的情况。试验应进行数次加荷—卸荷循环。然后，分析试验成果，绘出荷载—变形曲线，从中选择变形模量。试验成果通常用于大坝坝基设计和确定压力竖井与隧洞衬砌的比例。试验方法见岩石试验手册 361 －89（USAEWES 1993）。

b. **单向千斤顶试验**

另一种试验方法是单向千斤顶试验（岩石试验手册 365 －80）。试验使用一套反向的千斤顶，对较大范围的岩石和土进行试验。这种试验方法取得的成果与洞室试验成果差不多，费用也不会比洞室试验高。这种试验可查明地基岩土体对有控制的加荷和卸荷循环将会出现的反应，得出变形模量、蠕变和回弹方面的资料。单向千斤顶试验是大型工程确定岩体变形性质的一种比较好的方法。

c. **其他变形试验**

测定岩体原位变形性质的其他方法有锚索张拉试验、扁千斤顶试验、钻孔千斤顶试验和径向千斤顶试验。锚索张拉试验利用锚固在钻孔深处的锚索给岩石表面上的大型板或梁一个反作用力。这种试验费用很高，而且难以数字化，但是，它具有降低剪切应变和试验所涉及岩石体积大的优点。扁千斤顶试验比较灵活，可采用各种形状。与其他变形试验相比，扁千斤顶试验的费用低，如果能直接接触到岩石面，这种试验是很有用的。这种试验的局限性是试验所涉及的岩石体积较小，确定变形或破坏参数计算所需的模型比较困难。

（1）钻孔千斤顶（"Goodman"千斤顶）或膨胀仪和 Menard 旁压仪（Terzaghi、Peck 和 Mesri，1996；Al-Khafaji 和 Andersland，1992；Hunt，

1984)都是在钻孔内进行试验,主要优点是不需要开挖通道到试验点。膨胀仪是通过机械千斤顶向试验段施加压力,测量孔壁的相对位移来得出岩体变形特性,计算出弹性模量和变形模量。旁压仪在土中和岩石中的操作相同。事实表明,这些方法的数学模型建立比大部分变形测量技术更困难。

(2)径向千斤顶试验(RTH 367 - 89)在原理上与钻孔千斤顶试验相似,只是所试验的岩石体积要大一些。比较有代表性的做法是:把钢环放在一个隧洞内,在钢环和隧洞表面之间装上扁千斤顶。对隧洞径向加压,测量变形。此法的费用比较高,但资料好用,与洞室试验属于同一类型。所有变形测量方法都有其本身的优点和缺点。因此,应根据岩土体性质、试验目的和工程规模来选择试验方法。试验操作要小心,在解释和使用变形测量资料时要注意到这些方法的局限性。

5 - 26　地震波法确定动弹模

有的场地可以用地表和孔内的地震波测试来确定岩土体的原位模量(见表5-2)。压缩波波速与岩体密度相结合可估算出动弹模,同样,剪切波波速也可用于估算动刚度模量。但是,由于在地震波测试时岩石质点位置很小,且只是短暂加载,得出的模量往往偏高。当有其他方法能测出可靠静模量的地方,不能使用地震波法测模量。即使是欲用动模量进行抗震设计分析,地震波法导出的模量也偏高。岩石的模量和阻尼特性与应变有关,地震波测试所引起岩石的应变比大地震所诱发的应变要小数个数量级。一般来说,应变程度增加,剪切模量和杨氏模量减小,阻尼增大。抗震设计分析中必须考虑此因素。

第七节　钻孔回填与试样、岩芯的处理

5 - 27　钻孔和勘探开挖工程的回填

除将来有用而保留的钻孔外,所有钻孔和勘探开挖工程都必须回填。其原因为:消除危害人和动物安全的隐患;防止含水层受污染;最

大限度地减少大坝和堤身的地下渗漏问题和减少对环境的不利影响。许多州都有回填钻孔方面的要求，因此应咨询相应的州政府。用于安装测试仪器、检查和物探工作的钻孔一旦不需要再用时，也应予以回填。要保留的钻孔，至少在孔口附近要下一段短套管，加上盖子，并做上标记加以保护。试坑、探槽和竖井在回填之前必须用适当的防护罩或栅栏加以保护。条件允许的话，勘探平硐可采用封堵方式代替回填。钻孔和勘探开挖工程的回填处理详见本手册附件 F 第 10 章。

5－28　土样处理

土样一旦在其所要进行试验项目全部做完后，可以丢弃。取自怀疑有 HTRW 场地的岩土样必须妥善处理。即使土样封存得最好，也不能防止土样随时发生的物理和化学变化，再次进行试验会失效，因此土样一般不长期保存。取自病虫害隔离区土样的处理要求见 ER 1110－1－5相关规定。

5－29　岩芯处理

所有不用于试验的勘探岩芯等均妥为保护、装箱并保存在贮藏室内，直至最终处理为止。以下是最终处理办法。

a. **保管**

将岩芯包在塑料纸中，在岩芯箱中摆好，防止岩芯箱直接与地面接触，可临时保护在钻探现场的岩芯。勘探岩芯等不管是什么年代的，均应保留下来，直到完成详细的编录、照相和取样试验等永久性资料为止。可能与待解决索赔问题有关的岩芯，必须注意确保岩芯不会被倒掉、损坏或丢失，这种岩芯应保存到所有责任和索赔问题都最终解决为止。然后再按下面的方法加以处理。

b. **处理**

直径大于 15 cm(6 in)的岩芯完成其取芯目的以后可予以丢弃。取自怀疑有 HTRW 场地的岩土样必须妥善处理。工程审批未过，所有相关岩芯可以处理掉。当一项工程已经完工，与承包商和其他有关方面已作最终结算，除与将来施工有关系的岩芯和留下一小部分能代表坝基与坝肩地质条件的岩芯外,其他所有岩芯均可处理掉。如果基础或坝肩不存在不可预料的问题,这些留下来的岩芯和后来增加的岩芯可以在工程完工后处理掉或者在工程竣工后 5 年处理掉。岩芯处理以后,若岩芯箱还能用,则应留下以后使用。

第六章　大型生产性试验勘察

6－1　生产性试验项目

一旦从工程的规模和复杂程度来分析需要进行生产性试验，生产性试验项目可以得出其他勘察方法无法得到的资料。由于这类勘察费用高，大多情况下需要施工承包商配合，一般作为主承包合同的一部分来实施，以验证设计假定条件的正确性。然而，如果是在PED（施工前工程设计）阶段进行，则有许多好处，其结果会使设计更完善、更经济。好处有：证实新的或创新性设计方案的假定条件、提高可信度（这样安全系数就可以取小一些）、证明可施工性、验证是否满足环境要求，大大提高在缓解公共利害关系方面的可信度。这些效益和益处由有经验的工程地质师或岩土工程师进行评估。大型生产性试验的一个主要缺陷在于主承包中很难或几乎不可能准确地按照试验中所采用的程序进行施工，这不能磨灭生产性试验的许多好处，但在决策如何将这方面资料纳入整套招标书时必须注意这一点。

第一节　试验开挖和填筑

6－2　目的

大多数情况下，爆破和破碎性等试验开挖或填筑技术要满足以下一个或多个要求：

（a）评估专门施工设备的适用性，如煤锯和振动滚轧机；

（b）调查材料特性对施工的影响，如爆破所产生岩块的块度；

(c)提供岩土体对试验设计假设的反应进行施工前监测的机会；

(d)更彻底地揭露地质条件；

(e)查明岩土材料填筑特性和方法；

(f)调查爆破振动、地下水位下降一类对环境的影响；

(g)为初始支护和仪器设备安装提供通道。

6-3 试验开采

试验开采往往与试验填筑相结合，在计划开采大量石料但尚未曾开采过的区内进行。EM 1110-2-2301论述了试验开采和试验填筑的评估程序。当主体工程开挖出来的石料作为坝体填筑和护坡用料，其适用性存在严重问题时，试开挖就显得尤其重要。除为岩石试填筑提供材料外，试开采还提供有关受不利地质构造影响的边坡开挖设计、适用的爆破技术、采石场开采岩石适用性，以及加工材料的可行性和最佳方法等方面的资料。开采试验的成果可使设计人员和未来的承包商进一步了解岩石的钻进与爆破特性。虽然从运作良好的试开采中可以获得有用的资料，但这是一种费用很高的勘察手段。只要有可能，试开采应布置在必须开挖的地方。试开采过程中的超挖料可以存放起来，以后再用。试开采的重要作用之一是可以确定最优的边坡开挖方式（如最佳预裂爆破孔间距和装药量），这样能确保以最少的超挖达到最大的边坡稳定性。试开挖边坡填图，结合边坡分析程序，如ROCKPACKII（Watts，1996），以及结构面变形分析程序（结构面变形分析国际论坛和结构面媒介模拟，1996），可为永久边坡设计提供所需要的地质资料。为获得最大的效益，试开采应布置在地质条件具代表性的开挖区段。

a. 地质调查和研究

在进行试开采之前，对试验采石场要进行仔细的地质研究，其内容包括：

(1)现场地质踏勘，对岩石露头上节理和结构面进行地质填图。

(2)检查钻孔柱状图、岩芯和钻孔测量成果，确定覆盖层的厚度和岩石风化的深度、节理模式、溶蚀节理或断层带的充填情况，以及会影响爆破作业的地下水情况。

(3)研究区域应力场和场地自身的应力条件,这在采石作业期间会影响节理的应力释放。

(4)绘制地质纵、横剖面,描述岩石的类型、层厚,节理间距、密度和产状及节理填充等,以及其他会影响岩石破碎和细料含量的结构面。

(5)考虑其他可能控制爆破岩石的尺寸、数量和质量的一切因素(例如是否靠近建筑物或城市。这些地方爆破的规模、气浪、地面振动或飞石等必须严格控制)。

b. 试验目的

如果地质研究结果表明采石场有足够数量、在质量上能满足填筑和施工要求的石料,且骨料块度范围已确定,则试开采所要达到的其他设计目的包括全面的级配、产量、质量和生产。EM 1110 -2 -3800 论述了如何根据具体地质条件选择和改进爆破技术。上部碎块的块径取决于地质条件和岩石结构,其余块径和级配受爆破技术影响。

c. 试验项目

一项策划得当的开采试验项目,其许多爆破变量要根据现场试验情况调整,如爆破孔间距、布置模式、点火次序、炸药震力、功率因数和开挖台阶高度等。这种试验项目应由有经验的地质师或岩土工程师来安排和管理。通过把试开采区分成若干个区段分别进行试验,每一个区段保持其他可变因素不变,试验一个可变因素,这样就可以对每个可变因素作出单独评价。每一个试验区段,将爆破下来的岩块集中起来,进行筛分、称重,得出块度分布情况。进行骨料研究,应取代表性试样进行加工、试验和配合比设计。当爆破后的岩石也用于试验填筑时,有时需要通过采用代表性的碾压荷载来确定级配加工问题。当单独试验区段的试验爆破完成,并确定了爆破岩块的级配后,就可以对爆破方法进行修正。当所有区段的试验爆破和相应的级配分布均完成后,应分析这些资料,确定哪一组爆破参数最能满足设计要求。详见 EM 1110 -2 -2301、Bechtell(1975)、Lutton(1976)及 Bertram(1979)所述。

d. 应用

试开采的成果要反映出最优爆破方式、爆药量、爆破孔的尺寸、点火迟发顺序、产量和级配。这些成果加上填筑试验成果,为采石设计人员提供有价值的资料。这些资料对有希望中标的承包商来说也具有同样的价值,应加入到施工计划和技术说明书之中。

6-4 探洞

探洞可用来详细了解岩体结构、构造的组合及其分布,如节理、裂隙、断层、剪切带等构造形迹和溶蚀通道。通常用于探明大型地下建筑物区、大坝基础和坝肩部位的地质条件,特别适合于确定根据地表地质测绘和钻孔资料推断的低强度岩石或不利地质构造的分布范围。对于有高附加荷载要传递到地基或坝肩的大型工程,探洞是在现场按建筑物荷载方向进行原位岩石试验的唯一途径。尽管探洞的费用很高,但可以为承包商了解主要地下工程提供非常好的施工前期资料,并可以减少招标不测事件和索赔的可能性。水平向深孔也可以替代导洞,或者与导洞结合,超前探测成洞条件。

a. 地下工程布置区,探洞常常布置在未来大型地下开挖区的顶拱部位,作为通道使用,在施工期探洞还可作为施工设备运输通道和出渣通道。当隧洞围岩地质条件差且难以预测时,有时沿拟建的大直径隧洞的整个长度布置小口径钻孔或打勘探性导洞。对于深埋的长隧洞来说,当布置深孔和从地面下去进行原位试验的通道费用消耗很高时,导洞可能是最可行的办法。导洞的位置可定在整个隧洞关键部位,以便进行顶拱支护或固结灌浆;有时是选在能进行减压或提供直眼掏槽、便于爆破的地方。探洞布置得当,往往可与永久性建筑物结合起来,可用于排水和施工后的观察,查明渗漏量和验证设计假定。与水无关的工程,探洞可用作永久性通道或管道。但应注意的一点是,探洞的布置位置不能离全尺寸隧洞顶拱净开挖线位置太近,否则,当隧洞顶拱超挖时,探洞会对全尺寸开挖隧洞的顶拱挖掘和稳定产生不利影响。

b. 不管探洞开挖的目的是什么,均应根据附件C中的要求详细编录探洞所揭露的地质情况。与开挖和支护的成本相比,获得一份精确而可靠的探洞地质编录图所需的费用是微不足道的。这类地质编录所得的地质资料对解释根据地表露头推断出的岩体构造情况是很有用的。只有把收集到的地质资料和地面测绘、钻孔与探洞的勘察成果很好地结合、对应起来，才能全面描绘出场地的地质条件。这类分析最好在 GIS 中进行。

6－5　试验填筑和试验筑坝

a. 试验填筑

往往只在需要用不寻常的土、石料，或者准备用新开发的、未经试验的碾压设备进行辗压填筑时才建议进行试验填筑。试验填筑对于培训大型工程的土方工程的质检人员来说是很有用的，尤其是建材变化大或者碾压控制程序比较复杂的情况下。只为评价新的或不同碾压设备而进行的试验填筑一般由承包商自己花钱完成。石料试验填筑一般是为了确定最优的填筑和碾压作业方式。试开采一般与石料试填筑相结合，确定爆破要求和是否在填筑前需要进行石料加工处理。由于在编制招标技术说明书时就需要试验填筑结果，该试验应该在发标前完成。如果这种填筑试验布置在坝体的低应力区，并在最终的坝体段内进行是最为经济的。如果工程需要做填筑碾压围堰，那么，在不影响围堰功能的前提下，可把围堰作为试验填筑体来进行。美国陆军工程师团过去的经验表明，自己租用必要的设备或者甚至作为一个独立的承包合同来进行工程发标前的试验填筑是最好的方法。执行一项试验填筑，以下两点最为重要：

（1）试验策划。

一般试验填筑要评估几个不同的参数，因此应详尽、精确地制订试验计划，能对每个参数作出恰当的评定。项目计划的各个方面必须详细安排，尤其是测量、控制和数据整理的方法。

（2）代表性材料和方法。

填筑试验作业在原材料、填筑和碾压方法方面必须具有代表性，特别是与试开采一起进行的石料试填筑，这一点尤其重要。更详细的资料见 EM 1110－2－1911 和 Hammer & Torrey（1973）。

b. 试验筑坝

试验筑坝不常进行，但是当地下地质条件复杂或者填料质量差的情况下，试验筑坝或许是了解、解决有可能发生的不确定情况的唯一可靠手段。例如，在 Laneport，TX（Parry，1976），WarmSprings，CA（Fagerburg、Price 和 Howington，1989）及 R. D. Bailey WV 坝均进行了试验筑坝。

（1）当地层的抗剪强度很低，以至于必须利用施工期间固结作用所形成的强度，或者进行试筑堤是合算的情况下，尤其是修建长堤坝时，试验筑坝是值得实施的。试验筑坝是确定现场固结速度和加速固结功效的最可靠手段。

（2）黏土页岩地基往往发育节理和擦痕，而且可能存在连续的残余剪切面。原状样室内剪切试验得出的抗剪强度一般偏高，而且可能造成严重的误导。黏土页岩的原位岩体强度最好是通过分析现有边坡或修建试验堤的办法来确定，这往往是唯一方法。如果试验堤是作为最终堤段的一部分，其高度和坡度的设计必须满足能在地基内产生所需要的剪应力。在天然边坡比较平坦的地方，有可能是残余抗剪强度控制自然边坡或人工边坡的稳定性，那么，筑坝试验对确定这个问题是很有用的，即自然边坡平缓是受残余抗剪强度所控制的，还是由于天然的侵蚀作用所形成的成熟地貌形态。

（3）使用湿的软黏土料，如果工程所处的特殊环境使得黏土料含水量不能经济地降到常规碾压含水量，则十分有必要考虑进行试验筑坝。

第二节　灌浆试验

6－6　目的

地质条件复杂的工程，或者有特殊要求的工程，有必要在签订主承包合同前了解灌浆效果时，就需要进行灌浆试验。通过灌浆试验，可为制定灌浆方法、确定灌浆技术大纲、计算灌浆费用和确定适宜的灌浆设备提供必要的资料。灌浆试验包括在勘探孔中进行试验灌浆，确定地层的可灌性。策划并执行得当的灌浆项目能为编制合同计划和技术要求提供经济有效的资料，从而减少施工索赔的可能性。灌浆试验应遵从的灌浆程序详见 TM 5－818－6 和 EM 1110－2－3506 所述。

6－7 灌浆试验实施

所采用的灌浆试验方法应根据现场的地质条件来调整。例如，当岩体渗漏主要沿节理发生，而随着深度的增加，因上覆地层的自重作用使节理趋向于闭合、不透水，分段灌浆最合适。在可溶性石灰岩或透水的熔岩流地区，主要的渗漏通道规模不随深度的增加而减小，因此封闭灌浆最合适，这种灌浆方法一开始便向发生漏水的部位灌浆。循环灌浆是一种更广泛的试验方法，多管线灌浆也是一种广泛的灌浆试验方法，但与循环灌浆相比，多管线灌浆的灌浆孔数量要少。

6－8 灌浆试验布置

灌浆试验往往在小范围内进行。当地下水位处于帷幕深度范围内，帷幕灌浆试验孔的位置有必要采用封闭式的圆形或矩形排列。这样，可以通过灌浆前后的抽水试验来评定帷幕灌浆的效果。抽水孔一般布置在帷幕灌浆封闭区的中心，观测孔从抽水孔向外呈辐射状布置一排或多排，并跨过灌浆帷幕线。比较灌浆前后抽水量的减少程度，就可直接检测出灌浆帷幕的有效性。在地下水位低或不存在的地方，多排的线状排列帷幕便能达到试验性灌浆的目的。灌浆前后都必须进行压水试验，通过比较得出灌浆试验的效果。通过灌浆试验，需要确定基本的灌浆方法、孔距、浆液稠度、添加剂和灌浆压力等控制参数。有些工程为了解决较为复杂的渗漏或基础问题，有时需要进行化学灌浆试验来确定化学灌浆的适用性。

6－9 记录保存

如果试验记录不当，就不可能对灌浆试验作出针对性的评估。与灌浆相关的变化因素在 TM 5－818－6 和 EM 1110－1－3500 作了详细的论述，这里就不再重复。资料很多，如果灌浆记录保管方面出了问题，没有将其放在首要位置考虑的话，灌浆试验的价值就不复存在。试验资料习惯上用笔记录在预先准备的专用记录纸上。灌浆数据库包（Vanadit－Ellis 等，1995）是一种在 PC 机上开发的菜单式程序，能存放和显示钻孔信息、钻进情况、压水试验和现场灌浆资料，是手工记录保存方法的改进，可从 USAEWES 获得。

第三节 打桩调查

6－10 打桩调查的益处

打桩调查可以在施工前进行，更多的是在马上就要开始施工打桩作业之前作为施工工程的一部分进行。目前对贯入桩的性能已进行了广泛的研究，可以采用各种不同的方法，包括最尖端的计算机分析。对小型工程来说，这些方法有用，足以预测出桩的性能。而对桩数量较大的工程项目，一般来说施工前进行打桩调查也是有益处的。原因是常用的分析方法是偏保守的，有时会明显低估桩的实际承载能力。现场打桩试验除能得出可靠的设计承载能力外，还有助于了解以下问题：能贯入基岩多深？有什么样的时间效应？是否有硬的地层存在而造成过早地打不下去或是否有必要打到贯入点？所有的岩土工程中，桩基试验是最容易出偏差的，这主要是勘察场地的不均匀性所致。场地地质条件很复杂的话，单桩承载试验得出的数据有可能在整个工程场地都不会再出现。另外，桩锤即使具相同的能量级，其效果也会有较大的差异。由于桩的承载性在很大程度上受桩锤影响，单一试验结果不可能完全转化为工程最终成桩效果。除上述因素外，打桩试验可以明显降低工程费用，或者至少提高桩承载能力的可信度。桩基设计方面的详细资料见 EM 1110－2－2906。

6－11 打桩记录

同灌浆一样，记录不充分，就无法对打桩工作作出充分的评估。表 6-1 为打桩资料记录格式的一个样本，该样本可根据设计者的需要进行修正，但所列的项目一般来说是最需要的资料。

6－12 加载试验

许多参考书，包括 EM 1110－2－2906 中都有桩加载试验的正确操作方法，这里就不再重复。一般说来，要进行轴向承载能力试验，包括抗压、抗拉和侧摩阻力试验。

表 6-1 据 Tomlinson（1994）修正的桩编录图实例

大直径和小直径钻孔桩日常记录表

每日上交给办事处的桩记录

每个桩单独用一张表

分区号			图号 / /			
1 概要	桩编号		桩直径		基础标高	
			扩孔直径			
	地面高程		齿墙高程		浇混凝土高度	
2 钻探	开孔日期		终孔日期			
	平面位置误差					
3 障碍物[1] 天然/非天然	类型		遇到深度		穿越历时	
	类型		遇到深度		穿越历时	
4 钢筋[1] 主钢棒或螺旋线	钢棒数量		直径		长度	
	中心点		直径		所有钢筋的盖板	
5 混凝土	开始日期		终止日期		混凝土温度	数量 实际： 理论上：
	配合		坍落度		供给者	
6 钻孔编录和基岩开挖	土层深度	土层描述	岩层深度	岩层描述	螺旋钻开挖基岩深度	凿挖深度
7 套管	临时套管下入深度		永久套管下入深度		使用永久套管的原因	
8 地下水	初见深度		涌水详细情况		补救措施描述	
	涌水深度					

注：1. 如果没有作记录的变化情况；3、4、7 和 8 项仅每一分区中的第一个桩需要完成描述。

签名：场地主管工程师：

第七章　室内试验

7－1　目的

室内试验的目的是查明诸如土和岩石天然物质的物理性质及水理性质，利用分类试验确定进行鉴定和对照所需的指标值，并确定基础设计需要的工程地质参数。然后，工程地质师和岩土工程师根据试验数据并借鉴以往的经验，对工程建筑物作出既安全又经济的设计。室内试验的质量保证程序见 ER 1110－1－261 和 ER 1110－1－8100 所述。本章分为五节，分别讨论试验方法和试样的选择、指标和分类试验、土的工程特性、岩石的工程特性及页岩和湿敏岩石的工程特性。没有描述各种试验具体的工艺流程，只是指出了相关的参考资料。介绍了大量的土和岩石试验项目，并讨论了这些试验的应用范围。

第一节　试验方法和试样的选择

7－2　试验安排所需要的资料

试样类型、试验项目和试验组数的选择在很大程度上受当地的地质条件、建筑物的规模和类型影响。各类建筑物室内试验的安排见表 7-1所列的相关参考资料。至少，所有土样都应根据统一土分类系统（USCS）进行分类（见 5－8 节），黏性土和细粒含量在 12% 以上的不饱和粒状土应查明其含水量。在进行室内试验之前应对岩芯进行直观分类和编录。利用土和岩芯的基本试验指标成果和现场踏勘与初步勘察得到的其他岩土工程资料，进一步完善地质模型（见 3－1 节）。分析以纵、横剖面表示的地质模型，得出何处需要补充土和岩石指标，确定所需的试验类别和试验组数，查明所有对工程有影响的岩土体的工程特性。随着可用资料的逐步增多，应视情况对试验工作大纲进行总结、修正。

a. 试样类型选择

大多数岩土体的指标试验都是在扰动样上进行的，也就是未采取特殊处理措施以保存其结构完整性的试样。但是，用于确定天然含水量的试样，必须进行保护，防止其失水。土样，可以密封在金属、塑料或玻璃罐里，保持其含水量。岩样通常用蜡封的方法来防止其失水。因为许多实验室试验，尤其是那些用于确定工程特性的试验，需用"原状"试样，因此在试样的存储、挑选、运输和备样的过程中要特别小心。负责把试验资料应用到工程上的地质人员和岩土工程师应直接控制岩、土样的采样与运输过程。表 7-2 列出了一些影响原状样代表实际工程地质条件的因素。

表 7-1　室内试验安排指南

建筑物或结构的类型	参考资料
土石坝	EM 1110 - 2 - 2300 EM 1110 - 2 - 1902
混凝土重力坝	EM 1110 - 2 - 2300 EM 1110 - 2 - 1902
建筑及其他结构物	TM 5 - 818 - 1
深开挖	TM 5 - 818/AFM 88 - 5， 第六章/NAVFAC P - 418
基岩中的隧洞和竖井	EM 1110 - 2 - 2901
防波堤	EM 1110 - 2 - 2904
桩式结构物和基础	EM 1110 - 2 - 2906
堤防	EM 1110 - 2 - 1913

表 7-2　影响原状样代表性的因素

影响因素	对土样的影响	对岩样的影响
取样和运输过程中的物理扰动	对抗剪强度的影响： a. 降低 Q 和 UC 强度； b. 增大 R 强度； c. 对 S 强度影响极小； d. 降低周期抗剪阻力。 对固结试验成果的影响： a. 降低 P； b. 降低 C_c； c. 降低 σ_p 附近和较低应力下相应的 C_V； d. 降低 C_a	造成岩芯破碎，有时难以取到适合进行试验的完好岩块； 有时会严重影响弱胶结的岩石，例如，对砂岩来说，有时会破坏重要的胶结迹象，使基础岩体显得比实际更破碎； 有时使有些岩层无法进行试验； 有时降低变形模量 E
从原位到地表的应力变化	类似于物理扰动，但程度轻一些	应力释放会导致与取样和运输过程相类似的扰动； 变形模量随应力场的降低而减小
钻进泥浆对砂的污染	明显降低原状砂的透水性	

注：Q—不固结、不排水三轴试验；UC—无侧限抗压强度；R—固结、不排水三轴试验；S—排水直剪试验；σ_p—前期固结压力；C_c—压缩指数；C_V——固结系数；C_a——次压缩系数。

b. 取样布置和试样尺寸

应对试验用的岩土样的取样分布位置作动态控制。根据工程要求，在不同位置、不同深度取样，进行工程性质指标试验。除有数理统计要求的地方外，要避免重复进行费用高而又复杂的试验。如果在试验资料的运用过程中，明显出现资料不全，或缺少某些地层单元的情况，就应修正现场取样方法。原状土试样的大小应与 EM 1110－2－1907 中给出的试样大小一致。岩石试样范围应是 4.763 ~ 20 cm (1.875 ~6.0 in)，因岩石质量难以采取岩芯和保证试样的质量时，就要设法取得直径较大的岩芯以取代直径较小的岩芯。某些情况下，试样的直径取决于试验方法。岩石试验及其方法在岩石试验手册里有介绍。

第二节　指标和分类试验

7－3　土

通常所要求的土的指标和分类试验及其试验的报告要求见表7-3所列。首先，根据USCS对土的扰动样进行分类。对试样作直观鉴定之后，再进行阿登堡界限、力学分析和含水量试验。表7-3也介绍了与循环气候条件下的耐久性和抗剪强度（十字板和贯入仪）有关的两个其他指标试验。十字板和贯入仪剪切试验很简单，而且费用相对较低。但是，试验结果离散性大，使用时要加以注意。这类剪切试验有助于分析、确定进行更全面的试验。工程区分布有对含水量敏感的黏土和黏土页岩时，而且根据地基设计要求，地基和边坡开挖区将会临时性地暴露在潮湿和干燥气候条件下，进行耐崩解试验是很有用的。

表7-3　土的指标和分类试验

试验	备注
含水量[1]	除净砂和砾石外，每组试样都要进行该试验
液、塑限[2]	每一层黏性土层都要做，通常结合进行土的天然含水量测定（计算液性指数）
筛分	一般粉土、砂土和砾质土进行筛分试验
比重计分析	一般用于土颗粒粒径小于10号筛的土，与阿登堡试验相结合，确定土的塑性
耐崩解试验	先期固结程度高的黏土和黏土页岩区，需要进行深开挖或基础埋深较浅时进行。应使用干、湿循环
袖珍贯入仪和十字板	在黏性物质、原状样和完好的块状样或扰动样上进行。谨慎对待试验结果，主要用于稠度分级和作为布置剪切试验的指南
X射线衍射	一般黏土和黏土页岩进行，确定其能反映土的主要性质的黏土矿物成分

注：1. 试验方法见EM 1110－2－1906；

2. 液性指数 $LI=\dfrac{W_n-PL}{LL-PL}$（W_n 为天然含水量）。

7－4　岩石

在选取指标和分类试验所用的试样之前，所有的岩芯都要在现场进行编录，编录结果要由工程地质师或岩土工程师进行复核。常用的岩石指标试验、分类试验类别见表7-4所列。每一种主要岩性要选取代表性的岩芯样，进行含水量、容重、总孔隙率和无侧限(单轴)抗压强度试验，确定其特性。如Deere所述，*RQD*值可作为试验前选取岩芯样的参考依据。体积比重、视比重、吸水率、弹性常数、脉冲速度、透水性和岩相分析等补充试验可根据试样的性状或工程的要求来确定。抛石料和骨料要取样进行耐久性与抗磨性试验，并应确定实体的比重。室内指标试验成果和岩芯质量指标资料可用于岩体分类，如比尼威斯基(1976)和巴顿等提出的岩体分类系统。

表7-4　岩石室内分类试验和指标试验类型

试验	试验方法	备注
无侧限(单轴)抗压	RTH 111	完好岩石强度和变形特性的主要指标试验
实体比重	RTH 108	抛石料和排水用骨料岩石安定性的间接指标
含水量	RTH 106	岩石孔隙率和沉积岩黏粒含量的间接指标
脉冲速度和弹性常数	RTH 110	与原位物探成果作对比的压缩波波速和超声波弹性常数指标
回弹值	RTH 105	完好岩芯的相对硬度指标
渗透性	RTH 114	完好岩石(无节理或大的缺陷)
岩相分析	RTH 102	每一种主要岩性取代表性的岩芯样进行试验
比重和吸水率	RTH 107	坚固性和变形特性的间接指标
容重和总孔隙率	RTH 109	风化程度和坚固性的间接指标

续表 7-4

试验	试验方法	备注
耐久性	TM 5 - 818 - 1,联邦交通管理局(1978)及 Morgenstern & Eigenbrod (1974)	开挖暴露出来岩石的耐风化性和堆石与抛石料的耐久性
抗磨性	RTH 115	洛杉矶耐磨试验,可用于评估抛石料的耐风化性
点荷载	RTH 325	可用于预测与之有关的强度参数

注:RTH—岩石试验手册(USAEWES1993)。

第三节 土的工程特性试验

7 - 5 概述

现行的土工试验方法参见 EM 1110 - 2 - 1906,沉降分析方法见 EM 1110 - 1 - 1904。

a. 抗剪强度

抗剪强度值通常要通过三种试件排水条件下进行的室内试验取得。与之相对应的试验分别为:不固结、不排水 Q 试验,即在试验过程中,含水量保持不变;固结、不排水 R 试验,即在初始应力条件下,允许固结或膨胀,但在施加剪应力过程中,要使含水量保持不变;固结、排水 S 试验,即在初始应力条件下和剪切过程中的每一级应力下,都允许充分固结或膨胀。应根据实际工程的加载情况和排水条件,选择相适合的 Q、R 和 S 试验。细粒土(相对不透水)的 S 试验用三轴仪会耗时很久,故一般用直剪仪做,其他强度试验通常都用三轴压缩仪做。如果不透水土中含有较多的砾石级颗粒,S 试验就应该使用大直径试件,在三轴压缩仪中进行。

(1)Q 试验。

从 Q 试验得出的抗剪强度对应于恒定含水量条件,也就是说,在剪切前或剪切过程中含水量不能发生变化。Q 试验条件接近于短期条件下,也就是施工末期的抗剪强度。当不饱和的地基土在施工期间变饱和时,Q 试验时建议在施加轴向荷载以前先使原状样饱和。

(2)R 试验。

R 试验的抗剪强度是这样进行的:通过负压法使试件完全饱和,再按现场情况估算的围压去固结这些试件,然后保持含水量不变对试件进行剪切而取得。R 试验适用于在一组应力作用下已经充分固结的不透水或半透水土,所受的应力发生变化而来不及发生固结这种情况。

(3)S 试验。

S 试验的抗剪强度是这样得出的:在初始围压下固结试样,并慢慢地施加剪应力。剪应力的施加速度应慢到在每一级应力增量下使超孔隙水压力均能消散掉。S 试验的成果适用于能自由排水、不易形成孔隙水压力的土。在黏性土中,S 试验成果用于评价长期的抗剪强度,比如"正常运行"工况条件下。美国民用工程有时用 R - bar 试验代替 S 试验,R - bar 试验是一种固结、不排水三轴试验,在剪切过程中测量孔隙水压力,从而得出有效应力。

(4)设计抗剪强度的选取。

当选取设计抗剪强度时,应研究每一种土的试验应力—应变曲线的形状。如果原状地基土和碾压土的剪力或偏应力(轴差应力),在达到峰值以后,仍没有出现较大的下降,则设计抗剪强度应选 S 直剪试验中的峰值剪应力、峰值偏应力,或者当抗剪强度随应变增加而提高情况下 15% 应变所对应的偏应力。每一土层的设计抗剪强度应这样选取:使 2/3 的试验值超过选定的设计值。

b. 渗透性

评价渗漏情况时,需要合理估算透水土的渗透性。现场抽水试验(TM 5 - 818 - 5)和 EM 1110 - 2 - 1913 图 3-5 所示的粒径参数(如 D_{10})与渗透系数间的相关关系,通常用于确定地下水位以下粗粒土的渗透性。用于筑堤坝、回填和原位改善的碾压黏性土的渗透性通常据固结试验估算。这些土体的渗透性也常用室内渗透试验来确定。

c. 固结和膨胀

进行沉陷和回弹分析所需要的参数，对于高压缩性黏土和承受高应力的压缩性土，可从固结试验中得出。为了识别、验证和定量分析隧洞围岩的膨胀性，也进行膨胀试验。试验加载的顺序和量级应接近于进行沉陷与回弹分析的工程受力情况。对于膨胀土，可用标准固结试验或修正的固结试验（Johnson、Sherman 和 Al-Hussaini，1979），估算膨胀和沉陷。固结仪膨胀试验往往能预测出最小隆胀程度。土的吸水量（Johnson、Sherman 和 Al-Hussaini，1979）可用来估算膨胀。但是据野外观察到的地质现象判断，这种试验估算的隆胀往往偏高。Gillott（1987）中描述了评估膨胀土的不同试验。

第四节　岩石的工程特性试验

7－6　概述

表 7-5 列出了确定岩石工程特性的常用室内试验种类。这些试验和其他的岩石试验在岩石试验手册（USAEWES 1993）和 Nicholson（1983b）里作了论述。

a. 无侧限单轴抗压试验

无侧限单轴抗压试验，主要用于测出岩样的弹性模量和无侧限抗压强度。如果试验过程中测量了试样的纵向和横向应变，就能够确定泊松比。泊松比值用于描述岩体的变形特征。偶尔，设计要求说明各向异性情况，就需要对试件进行不同方向的试验。这种试验较经济，对大部分地基来说能满足要求，因此对小型工程来说很有用。标准试验方法见 USAEWES（1993）、RTH 201-89（ASTM D 3148-86（1996g））和 RTH 205-93（ASTM D 4405-84（1996i））。

表 7-5　确定岩石工程特性的室内试验

试验种类	参考资料	备注
单轴抗压试验 确定弹性模量	RTH 201	完整岩芯
三轴抗压强度	RTH 202	含斜节理岩芯的变形和抗剪强度
直剪强度	RTH 203	沿软弱(节理)面或岩石与混凝土接触面的强度
压缩蠕变	RTH 205	当地基岩石的压缩量随时间的变化情况是设计中需要考虑的一个重要因素时,从地基中取完好岩石进行该试验
散热系数	RTH 207	完整岩石受温度升高影响,如与大体积混凝土相邻时,导热性是一个考虑因素

注:RTH—岩石试验手册(USAEWES1993)。

b. **点荷载试验**

尽管点荷载试验严格来说是一种岩石指标性试验,但它可以与无侧限单轴抗压强度相等同。其优点在于试验过程简单易行,试验设备是便携式,因此可在现场刚取出来的岩芯上进行测试。这样,尽可能地减弱岩芯处理和长时间保存的影响,很经济地获取在数量上能满足统计要求的数据。另外,同一个岩样可以进行平行、垂直岩芯(块)轴线两个方向的试验,测出岩石强度的各向异性。点荷载强度试验的建议方法见 RTH 325 －89(USAEWES,1993)。

c. **抗拉强度**

岩石的抗拉强度一般用巴西法确定(RTH 113 －92(USAEWES,1993)),试验中将岩芯沿其轴线拉裂。有时,也进行直接拉伸试验,但试验用的试件制备难度更大。抗拉强度成果用于地下工程的设计中。

d. **容重**

场地不同岩性的容重是工程资料的一个重要方面。在爆破、弃渣处理等项目中需要用容重资料。因容重试验不会破坏试件,在容重试验完成后可以进行其他试验。

e. 直剪

在完整岩芯和包含有看得见的薄软弱面的完整岩芯上进行室内三轴和直剪试验，以查明该类岩石凝聚力 c（剪切强度截距）和内摩擦角 φ 的近似值。进行室内直剪试验的详细程序见岩石试验手册 203－80（USAEWES，1993）。该试验在直径 6.5～20 cm（2～6 in）的岩芯样上进行。试样要进行修整至能放入剪力盒或剪力仪，并调整好方位，使法向施加的力垂直于所试验的结构要素。完整岩芯样得出的试验结果为上限强度值，而光滑结构面得出的试验结果则为下限强度值。在一个试样上反复进行剪切过程，或使位移继续到抗剪强度保持不变的一个点，就可得出残余抗剪强度值。当岩体的抗剪强度受天然结构面控制时，则应进行试验，查明粗糙结构和光滑结构面的摩擦角。由于剪应力分布不均匀及试件内部的位移，直剪试验不适合用于精确的应力—应变关系研究。该试验能确定岩石/混凝土接触面的黏结强度。凝聚力和内摩擦角数值用于确定地基岩石的强度参数，这些值是边坡稳定分析和一些承载力分析中计算安全系数的主要参数，适合于岩质边坡和承受非垂直外荷载结构物的稳定分析。试验条件必须尽量接近现场实际情况，这样试验成果才实用，这包括试验所加法向荷载的选择。由于破坏包络线在较低荷载范围内是呈非线性的，当试验所加的法向荷载过小或过大，不能恰当地模拟真实的条件，所得出的 c、φ 将不适用。有关这些数值的应用详见工程师团重力坝设计指南（EM 1110－1－2908）、Ziegler（1972）和 Nicholson（1983a）。

f. 三轴剪力试验

三轴剪力试验可以在完整的圆柱状岩样上进行。该试验为确定三维荷载作用下不排水状态的岩石强度提供资料。通过计算，从该试验可得出岩样在不同围压下的强度和弹性特性、内摩擦角（抗剪）、凝聚力和变形模量。当未测量孔隙水压力时，得出的强度值是总应力下的强度，应予以相应的修正。标准试验方法见岩石试验手册 RTH 202－89（ASTM D 2664－86）。多级三轴载荷试验（RTH 204－80）是从这种试验的变化而来，有时用于评估节理、夹层和层理面在不同围压下的强度。

g. 其他试验

许多其他岩石工程特性(如粗糙度、磨耗等)在不同的情况下需要应用,每一种都有不同的试验方法。建议设计人员从文献中(包含岩石试验手册)寻找并确定合适的试验项目。

第五节　页岩和湿敏岩石的工程特性试验

7-7　指标试验

大多数对含水量变化敏感的地质体为沉积成因或变质成因的地层,包括黏土、黏土页岩、差—中等胶结砂岩、泥灰岩和硬石膏。对含水量敏感的岩石和沉积物经常含有黏土矿物,特别是蒙脱石,这类矿物能吸附大量的空隙水。有些情况下,在整个岩体中,某一种岩石的风化产物可能是对含水量敏感的物质,也有可能是因化学风化(腐泥土)或构造运动(断层泥、磨棱岩)所造成的。因为这类岩石具有与土相类似的特性,因此在进行全面的试验之前,应先查明对含水量敏感物质的指标特性(阿太堡界限、含水量等),指标试验结果通常能表明这类岩石的工程敏感性,可以指导下一步试验项目的安排。指标试验所需要采用的特殊试验方法见 EM 1110-2-1906。

a. 直剪和三轴剪力试验

在坚硬、脆性岩样上进行的直剪和三轴剪力试验大多数为不排水试验。对这些特殊类型的岩石,孔隙压力不起支配作用,强度值为总应力下的强度。但是,一旦遇到较软弱的岩石,因其具有较高的吸水率(如大于5%),在剪切过程中产生的孔隙压力所起的作用变得越来越大。对许多黏土页岩和其他类似的软弱、风化岩石来说,也具有相同的情形。对于湿敏岩石,应尽可能使用土的特性试验方法,然后在整个试验周期对可能会明显降低岩石净强度的临界孔隙压力进行监测。当需要在黏土页岩或页岩上修筑水工混凝土建筑物时,应进行剪切试验,确定页岩/混凝土接触面的强度。

b. **试验资料解释**

解释页岩和湿敏岩石室内试验资料时要特别注意，完整试件的室内不排水强度很难代表现场取样位置的抗剪强度。页岩、黏土页岩和强超固结黏土的抗剪强度常常只产生微小的位移就降低至残余抗剪强度。根据岩土工程勘察、室内试验和现场经验确定残余强度与较高的抗剪强度中哪一个适用于设计。通过分析区内以往已施工工程相应岩土体的现场性状、现有边坡和建筑物，结合工程类比，对室内试验成果作出进一步确定。页岩的性状特征总的工程评价见 TM 5－818－1 表 3-7、Underwood（1967）及 Townsend & Gilbert（1974）；各种页岩的物理特性见 TM 5－818－1 表 3-8。页岩边坡稳定分析可用 PC 机上开发的菜单驱动程序 UTEXAS3（Edris，1993）、ROCKPACK（Watts，1996）或者国际论坛中的不连续变形分析法。

7－8　膨胀特性

对许多页岩和对含水量变化敏感的岩石来说，膨胀特性是一个关键性影响因素。当用作填土时，其物理特性随时间变化较大，并且与水的存在相关（Nelson & Miller，1992）。另外，原位岩石产生膨胀会导致地基隆起、边坡失稳、损坏喷混凝土等边坡保护措施及破坏隧洞衬砌（Olivier，1979）。EM 1110－1－2908 中全面论述了评估岩土体膨胀性的试验方法。等体积试验，在解释试验结果时应非常小心。当前采用的方法要求在试验过程中定时增加荷载，使试件尺寸恢复到原状。因所加荷载必须克服岩石的弹性，所以该荷载有可能超过真实的膨胀压力。

外　篇

资料性译文

霍克－布朗破坏准则发展简史

Evert Hoek, Paul Marinos

摘要 霍克－布朗破坏准则最早是在20世纪70年代末提出来的,用于确定地下工程岩体的地质参数。该准则早期是基于Bieniawski的*RMR*分类法,利用野外测得的*RMR*值来估算工程地质参数,到1995年才提出自身的分类系统——地质强度指标(*GSI*)。随着其应用的推广和应用过程中所遇到的各种特殊条件,霍克－布朗准则和*GSI*分类系统也在不断地演变和发展。

关键词 霍克－布朗破坏准则;发展简史;地质强度(*GIS*)指标图表

1 介绍

霍克－布朗破坏准则最早是Hoek E.和Brown E. T.在1980年出版的《岩石地下工程》中提出的,目的是满足提供地下工程岩体地质参数的需要。由于当时还没有合适的岩体强度估算方法,需要建立一个无量纲公式,能将之与地质资料相关联。最早的霍克－布朗公式不是一个独创的新公式,这个恒等式早在1936年就有人用来描述混凝土的破坏。

霍克和布朗的重大贡献在于把该公式与地质观测资料联系起来。在准则发展过程中早就认识到,如果该准则不能根据野外简要的地质观测资料估算出所需的地质参数,将不会有任何实用价值。曾为此讨论过建立一个"分类"的想法,但由于Bieniawski的*RMR*分类已于1974年出版,并获得了岩石力学协会的认可,于是决定以此作为基本地质输入参数。

到1995年,大家越来越觉得Bieniawski的*RMR*分类难以适用于质量非常差的岩体,感到有必要建立一个侧重于地质观测基础资料并减少"数量化"的分类系统,这促进了地质强度指标(*GSI*)的发展,这一指标逐渐发展为霍克－布朗准则中地质资料输入的主要工具。

2 发展历史

1980年:Hoek E. 和 Brown E. T. 编著了《岩石地下工程》一书,由伦敦采矿和冶金学会出版。

1980年:Hoek E. 和 Brown E. T. 撰写了《岩体经验强度准则》论文,发表于美国土木工程师协会的岩土工程杂志(106(GT9), 1013－1035)。

最早的准则是针对地下工程的围岩情况构思出来的。所依据的一部分数据来源于巴布亚新几内亚布干维尔露天铜矿工程的岩体试验成果。试验的岩体为安山岩,强度非常高(单轴抗压强度约270 MPa),节理很发育,节理面干净、粗糙、无充填。其中最重要的几组数据之一是堪培拉澳大利亚国立大学的John Jaeger教授所完成的一系列三轴试验数据,试样直径150 mm,岩性为安山岩,节理密集发育,利用三层取芯管金刚石钻头取自布干维尔的勘探平硐。

最初的准则偏向适用于坚硬岩石,其基本的假定是:岩体发生破坏受多种结构面切割所形成的块体或楔形体发生滑动或转动所控制。假定完整岩体的破坏对整体破坏过程无明显的影响,节理的模式是随机的,这样不存在预先确定的主破坏方向,可以按各向同性体对待。

1983年:Hoek E. 撰写了《节理化岩体的强度》,Rankine演讲稿,土力学,33(3), 187－223。

在准则发展过程中,曾受这么一个问题困扰:霍克－布朗准则的非线性参数 m 和 s 与莫尔－库仑准则的参数 c 和 φ 之间的关系。那时,几乎所有岩土力学方面的软件都是依据莫尔－库仑准则而编写的,因此必须确定 m、s 与 c、φ 之间的关系,才能把霍克－布朗准则得出的结果运用到这些软件中。

伦敦帝国理工大学John W. Bray博士为此提出了一个精确的理论解决方案。该方案在1983年以Rankine lecture讲座的形式首次发表,该文进一步对Hoek和Brown在1980年出版物中的一些概念作了补充,对早期霍克－布朗准则作了最全面的探讨。

1988 年：Hoek E. 和 Brown E. T. 撰写了《霍克－布朗破坏准则—1988 年更新版》，在多伦多大学土木工程系举办的第十五届加拿大岩石力学专题讨论杂志（J. H. Curran 编辑）第 31－38 页发表。

到 1988 年，该准则广泛运用于各类岩石工程问题，包括边坡稳定分析。如前所述，该准则最初是针对地下工程围岩条件提出的，当用于边坡的浅层破坏会得出偏于乐观的结果。因此，1988 年（译者注：原文为 1998 年）引入了"未扰动"和"扰动"的这两个概念，来降低浅部岩体的等级。

该文还给出了一种使用 Bieniawski（1974）的 *RMR* 分类估算输入参数的方法。为了避免重复考虑地下水（数值分析中的有效应力参数）和节理方向（结构分析中的输入数据）的影响，建议地下水的评分应始终设定为 10（完全干燥），节理方向的评分应始终设定为零（非常有利）。需注意的是：当采用 Bieniawski 的 *RMR* 分类更新版本时，这两个评分需要作相应调整，例如，地下水评分在 1989 年的 *RMR* 版本中应设定为 15。

1990 年：Hoek E. 撰写了《根据霍克－布朗破坏准则估计莫尔－库仑摩擦系数和凝聚力》一文，国际岩石力学与矿业科学学报及地球力学文摘，12（3），227－229。

上文阐述了当时正在争论的霍克－布朗准则和莫尔－库仑准则之间的关系，描述了三种不同的实际情况，论证了每一种情况如何运用 Bray 方案解决。

1992 年：Hoek E.、Wood D. 和 Shah S. 撰写了《适用于节理化岩体的修正霍克－布朗准则》一文，Proc. rock characterization, symp. Int. Soc. Rock Mech.: Eurock'92,（J. Hudson ed.）. 209－213。

当时，霍克－布朗准则的运用已经很普遍。由于没有其他合适的准则，该准则也被运用于质量非常差的岩体。这类岩体的特点与准则形成所依据的镶嵌结构硬岩模型大不相同，根据早期霍克－布朗准则预测出的有限拉伸强度明显过于乐观，因此对原准则需加以修正。在加拿大多伦多大学 Sandip Shah 博士为完成其博士论文所完成的工作基础上，提出修改后的准则。该准则包含一个新的参数 a，用于改变破坏包络线的曲率,特别是正应力非常低段的曲度。通常情况下,修正霍克－布朗准则能使破坏包络线得出零抗拉强度。

1994 年:Hoek E. 撰写了《岩块和岩体的强度》一文,ISRM News Journal, 2(2), 4－16。

1995 年:Hoek E.、Kaiser P. K. 和 Bawden W. F. 撰写了《硬岩中地下洞室的支护》一书,Rotterdam: Balkema。

没多久就认识到,质量较好岩体采用修正霍克－布朗准则,得出的结果是过于保守的,因此在这两个出版物中提出了“广义”破坏准则。广义破坏准则以 *RMR* 值约为 25 为界,把早期破坏准则和修正破坏准则整合为一体。因此,对于质量很好——一般的岩体,采用早期霍克－布朗破坏准则,而对质量差—很差的岩体,采用具有零抗拉强度的修正霍克－布朗破坏准则(1992 年出版)。

这两篇出版物还引入地质强度指标(*GSI*)的概念(所描述的 *GSI* 概念实质内容相同),用来替代 Bieniawski 的 *RMR* 值。日益明显地认识到,Bieniawski 的 *RMR* 值难以适用于质量很差的岩体,当岩体的 *RMR* 值很低时,*RMR* 值与 m、s 之间不再具线性关系。同时,感到有必要建立一个侧重于基础地质观测资料而减少“数量化”的系统。

引入了未扰动岩体和扰动岩体的理念,由用户确定最能描述出场地所揭露岩体特征的 *GSI* 值。最初扰动参数是经过简单强度折减得到的,即把分类表中的强度降低一级。后来感觉这种方法太具主观性,宜由用户来确定扰动程度,根据岩体强度的损失情况来判断折减多少 *GSI* 值。

1997 年:Hoek E. 和 Brown E. T. 撰写了《实用岩体强度评估方法》一文,国际岩石力学与矿业科学学报及地球力学文摘, 34(8), 1165－1186。

这是当时最综合性的论文,吸收了以上文章的精华。此外,还介绍了一种估算等效莫尔－库仑凝聚力和摩擦角的新方法。根据该方法,利用霍克－布朗准则可以导出一系列有围压下的轴向强度值(或者不同正应力下的剪切强度值),将这些值作为假想的大型现场三轴试验或剪切试验的结果,用线性回归方法求出平均斜率和截距,然后转变成

凝聚力 c 和摩擦角 φ。

这条曲线适配过程中最重要的一点是确定假想现场“试验”所采用的应力范围。利用霍克 - 布朗准则和莫尔 - 库仑参数,对地表和地下开挖工程进行稳定分析,对两者得出的成果进行比较,这样通过大量的对比理论研究后确定了这一曲线。

1998 年:Hoek E. 、Marinos P. 和 Benissi M. 撰写了《地质强度指标(*GSI*)分类法在剪切化软弱岩体中的应用,雅典片岩地层实例》一文,Bull. Engg. Geol. Env. 57(2), 151 - 160。

该论文针对质量极差的片岩岩体,把地质强度指标(*GSI*)的范围值下降到 5,如雅典地铁开挖工程中遇到的“片岩”和委内瑞拉一些隧道工程中遇到的石墨千枚岩。*GSI* 值范围的扩展主要根据 Paul Marinos 和 Maria Benissi 在雅典地铁项目中所做的工作。要注意的是,目前有 2 个 *GSI* 图表,第一个是 1994 年出版的图表,适用于质量较好的岩体,第二个是该论文中的新图表,适用于质量很差的岩体。

2000 年: Hoek E. 和 Marinos P. 撰写了《隧洞工程非均质软岩挤压变形预测》一文,Tunnels and Tunnelling International. Part 1, 32/11, 45 - 51 - November 2000, Part 2, 32/12, 33 - 36 - December, 2000。

该论文利用 Sakurai 于 1983 年提出的临界应变概念,介绍了霍克 - 布朗准则的另一个重要应用:预测隧洞围岩挤压变形问题。

2000 年:Marinos P. 和 Hoek E. 撰写了《岩体地质模型:希腊北部 Egnatia 高速公路穿越很差地质条件段》一文,Proc. 10th International Conference of Italian National Council of Geologists, Rome, 325 - 334。

与以前相比,本文进一步丰富了霍克 - 布朗破坏准则的地质条件,首次详细阐述了极弱岩的特性。在这些论文中,没有改变准则的数学解释模型。

2000 年:Hoek E. 和 Karzulovic A. 撰写了《露天矿的岩体特性》一文,In Slope Stability in Surface Mining (Edited by W. A. Hustralid, M. K. McCarter and D. J. A. van Zyl), Littleton, CO: Society for Mining, Metallurgical and Exploration (SME), pages 59 - 70。

本论文重复了 Hoek E. 和 Brown E. T. 于 1997 年出版的大部分资

料，但增加了对爆破破坏的讨论。

2000 年：Marinos P. 和 Hoek E. 撰写了《*GSI*：从地质角度估算岩体强度的好工具》一文，Proc. International Conference on Geotechnical & Geological Engineering, GeoEng 2000, Technomic publ., 1422 - 1442, Melbourne。

2001 年：Marinos P. 和 Hoek E. 撰写了《复理层等非均质岩体工程特性的估算》一文，Bulletin of the Engineering Geology & the Environment (IAEG), 60, 85 - 92。

这两篇论文没有增加任何重要的霍克 - 布朗准则基本概念，但说明了不同类型岩体应该如何选择适当的 *GIS* 值。特别是 2001 年这篇有关复理层的论文，这是凭借作者在希腊北部大型工程中处理这类岩层的实践经验，对条件复杂、软弱、遭受构造扰动的复理相岩体进行了讨论。

2002 年：Hoek E.、Carranza - Torres C. 和 Corkum B. 撰写了《霍克 - 布朗准则—2002 版》一文，Proc. NARMS - TAC Conference, Toronto, 2002, 1, 267 - 273。

该论文重新检验了全部霍克 - 布朗准则，包括 m、s、a 与 *GSI* 之间新的推导关系。考虑到爆破的破坏影响，引入了一个新的参数 D。检验了边坡工程和地下开挖工程莫尔 - 库仑准则和霍克 - 布朗准则之间的关系，提出了耦合这两个准则的一套关系式。用霍克 - 布朗准则和莫尔 - 库仑准则对数以百计的隧洞及边坡进行稳定性分析，通过对比，得出了最终的关系，并通过迭代方法找出最佳匹配关系。开发出了可视化界面的 RocLab 程序，该程序包含所有新的推导关系，并可从 www.rocscience.com 网站免费下载，下载文件中包括该论文的拷贝。

2004 年：Chandler R. J.、De Freitas M. H. 和 Marinos P. G. 撰写了《岩土体工程特征：岩土展望》一文，Keynote paper in: Advances in geotechnical engineering, The Skempton Conference, 1, 67 - 102, Thomas Telford, ICE, London。

该论文是一篇岩土体工程地质方面的综述，其中对地质强度指标作了简要描述。

2005 年：Marinos V.、Marinos P. 和 Hoek E. 撰写了《地质强度指标：应用范围和局限性》一文，Bull. Eng. Geol. Environ., 64, 55－65。

该论文讨论了地质强度指标（*GSI*）的应用范围和局限性，是使用 *GSI* 的总体指南。

2005 年：Hoek E.、Marinos P. 和 Marinos V. 撰写了《未受构造扰动但岩性多变的沉积岩的特征描述和工程特性》一文，International Journal of Rock Mechanics and Mining Sciences, 42/2, 277285。

这是一篇重要的论文，介绍了应用于磨砾相岩体的新 *GSI* 表格。磨砾相岩体由一系列未遭受构造扰动的砂岩、砾岩、粉砂岩和泥岩组成，是造山运动末期山脊剥蚀的产物。在一定深度范围内，即使岩性多种多样，但表现为连续的岩体，层面看不清楚。该论文讨论了磨砾相岩体和复理相岩体的区别，复理相岩体在造山运动过程中经历了强烈的扰动。

2006 年：Marinos P.、Hoek E. 和 Marinos V. 撰写了《用 *GSI* 指标量化岩体工程特性的多变性：隧洞开挖中遇到蛇纹岩的案例》一文，Bull. Eng. Geol. Env., 65(2), 129－142。

该论文介绍了主要受逆掩断层的影响下，蛇纹岩复合体的形成、岩性变化及其构造变形这样一个地质模型。各种岩体的结构，从大块状、高强度岩体到受剪切、低强度岩体的所有结构类型，而结构面由于受蛇纹岩化和剪切作用的影响，绝大多数条件为一般—差或很差。蛇纹岩化作用也降低了原岩的强度，见有枕状熔岩和构造混杂岩也是其特征之一。该论文给出了蛇纹岩体的 *GSI* 值图表。

2006 年：Hoek E. 和 Diederichs M. S. 撰写了《岩体模量的经验估算方法》一文，国际岩石力学与矿业科学学报及地球力学文摘，43，203－215。

岩体变形模量虽然与霍克－布朗破坏准则没有直接的关系，但这是所有涉及岩体性状分析（包括变形特性分析）的重要输入参数。通用现场试验直接确定这一参数耗时长、费用高，而且试验结果的可靠性有时值得怀疑。于是，一些学者提出了根据岩体分类系统来估算岩体变形模量值的经验公式，本文对此进行了总结、分析，并根据中国大陆和台湾地区进行的大量原位测试成果,导出了变形模量和 *GSI* 值之间新的相关关系。在这个新的相关关系中考虑了完好岩石的性质、爆破与应力释放等扰动因素的影响(www. rocscience. com),这样就无需确定等效莫尔－库仑参数,从而避开其不精确性和不确定性。

附录1　公式汇总

出版时间	简要说明	公式
Hoek 和 Brown, 1980	原准则适用于节理发育的硬岩岩体,结构面闭合、无泥质充填物。据 Balmer 出版物中的方法,计算出(σ_n',τ)值,点绘到图上,拟合出莫尔包络线。 σ_1',σ_3'—破坏时的最大和最小有效主应力 σ_{ci}—完整岩体的单轴抗压强度 σ_{ci}—岩块的抗拉强度 m,s—材料常数(对于完整岩体,$s=1$) σ_n',τ—有效正应力和剪应力	$\sigma_1' = \sigma_3' + \sigma_{ci}\sqrt{\frac{m\sigma_3'}{\sigma_{ci}} + s}$ $\sigma_t = \frac{\sigma_{ci}}{2}(m - \sqrt{m^2 + 4s})$ $\tau = A\sigma_{ci}[(\sigma_n' - \sigma_t)/\sigma_{ci}]^B$ $\sigma_n' = \sigma_3' + \frac{\sigma_1' - \sigma_3'}{1 + \frac{\partial\sigma_1'}{\partial\sigma_3'}}$ $\sigma_n' = (\sigma_1' - \sigma_3')\sqrt{\frac{\partial\sigma_1'}{\partial\sigma_3'}}$ $\frac{\partial\sigma_1'}{\partial\sigma_3'} = \frac{m\sigma_{ci}}{2(\sigma_1' - \sigma_3')}$
Hoek, 1983	原准则适用于节理发育的硬岩岩体,镶嵌状结构,结构面闭合,无泥质充填物。讨论了各向异性破坏和 John W. Bray 博士提出的准确解决莫尔包络线方案	$\sigma_1' = \sigma_3' + \sigma_{ci}\sqrt{\frac{m\sigma_3'}{\sigma_{ci}} + s}$ $\tau = \frac{(\cot\varphi_i' - \cos\varphi_i')m\sigma_{ci}}{8}$ $\varphi_i' = \arctan(\frac{1}{\sqrt{4h\cos^2\theta - 1}})$ $\theta = \frac{90 + \arctan(\frac{1}{\sqrt{h^3 - 1}})}{3}$ $h = 1 + 16\frac{(m\sigma_n' + s\sigma_{ci})}{3m^2\sigma_{ci}}$

续附录1

出版时间	简要说明	公式
Hoek 和 Brown，1988	同霍克 1983 版，但增加了常数 m、s 和修正 RMR 值之间的关系。该论文修改了原 RMR 表中的评分值：建议地下水的评分应始终设定为 10，节理方向的评分应始终设定为零。在估算变形模量 E（根据 Serafim和 Pereira 介绍方法）时，也对“扰动”和“未扰动”岩体进行了区别。注意：1989 年 RMR 版本中地下水评分应为 15。m_b，m_i—破碎岩块和完整岩块的岩性常数	扰动岩体： $\frac{m_b}{m_i}=\exp[\frac{RMR-100}{14}]$ $s=\exp[\frac{RMR-100}{6}]$ 未扰动或镶嵌状岩体： $\frac{m_b}{m_i}=\exp[\frac{RMR-100}{28}]$ $s=\exp[\frac{RMR-100}{9}]$ $E=10^{\frac{RMR-10}{40}}$
Hoek、Wood 和 Shah，1992	修正准则适用于抗拉强度为零的节理强烈发育岩体。可以采用 Balmer 方法计算剪应力和正应力。引入了材料参数 a	$\sigma_1'=\sigma_3'+\sigma_{ci}(\frac{m_b\sigma_3'}{\sigma_{ci}})^a$ $\sigma_n'=\sigma_3'+\frac{\sigma_1'-\sigma_3'}{1+\frac{\partial\sigma_1'}{\partial\sigma_3'}}$ $\tau=(\sigma_n'-\sigma_3')\sqrt{\frac{\partial\sigma_1'}{\partial\sigma_3'}}$ $\frac{\partial\sigma_1'}{\partial\sigma_3'}=1+\alpha m_b^a(\frac{\sigma_3'}{\sigma_{ci}})^{(a-1)}$
Hoek，1994；Hoek、Kaiser 和 Bawden，1995	介绍了广义霍克－布朗准则，包含了适用于质量很好——一般岩体的原准则和适用于质量差—很差岩体（泥质充填物增多）的修正准则。引进地质强度指标（GSI）的概念，克服了 Bieniawski 的 RMR 值不适用于质量很差岩体的缺陷。基于工程施工一般都会对岩体造成扰动，对扰动岩体和未扰动岩体进行区分，通过降低 GSI 值来反映扰动的影响	$\sigma_1'=\sigma_3'+\sigma_{ci}(\frac{m\sigma_3'}{\sigma_{ci}}+s)^a$ $GSI>25$ 时： $\frac{m_b}{m_i}=\exp[\frac{GSI-100}{28}]$ $s=\exp[\frac{GSI-100}{9}]$ $a=0.5$ $GSI<25$ 时： $s=0,a=0.65-\frac{GSI}{200}$

续附录 1

出版时间	简要说明	公式
Hoek，Carranza－Torres 和 Corkum，2002	提出一套新的 GSI 和 m_b、s、a 之间的关系式，使得质量很差岩体（GSI < 25）和好岩体之间能更顺利地过渡。同时引入了扰动因子 D 来描述应力释放和爆破的影响。针对隧洞和边坡工程，给出不同围压范围（σ'_{3max}）摩尔－库仑参数 c 和 φ 的计算公式。 所有公式都编入可视化的 RocLab 程序中，该程序可从 www. rocscience. com 网站下载。论文拷贝也包括在下载内容中	$\sigma_1' = \sigma_3' + \sigma_{ci}(\frac{m_b \sigma'_3}{\sigma_{ci}} + s)^a$ $m_b = m_i \exp[\frac{GSI - 100}{28 - 14D}]$ $s = \exp[\frac{GSI - 100}{9 - 3D}]$ $a = \frac{1}{2} + \frac{1}{6}[(e^{-\frac{GSI}{15}} - e^{-\frac{20}{3}})]$ $E_m(GPa) = (1 - \frac{D}{2})\sqrt{\frac{\sigma_{ci}}{100}} \cdot 10^{\frac{GSI-10}{40}}$ $\varphi' = \sin^{-1}\left[\frac{6am_b(s + m_b\sigma'_{3n})^{a-1}}{2(1+a)(2+a) + 6am_b(s + m_b\sigma'_{3n})^{a-1}}\right]$ $c' = \frac{\sigma_{ci}[(1+2a)s + (1-a)m_b\sigma'_{3n}](s + m_b\sigma'_{3n})^{a-1}}{(1+a)(2+a)\sqrt{1 + \frac{[6am_b(s + m_b\sigma'_{3n})^{a-1}]}{[(1+a)(2+a)]}}}$ 对于隧洞： $\frac{\sigma'_{3max}}{\sigma'_{cm}} = 0.47(\frac{\sigma'_{cm}}{\gamma H})^{-0.94}$，$H$ 为埋深 对于边坡： $\frac{\sigma'_{3max}}{\sigma'_{cm}} = 0.72(\frac{\sigma'_{cm}}{\gamma H})^{-0.91}$，$H$ 为坡高，γ 为岩体容重
Hoek 和 Diederichs，2006	在分析源自中国大陆和台湾地区资料的基础上，得出了岩体变形模量 E_{rm} 和岩体强度指标 GSI 值之间新的关系式。据 S 形函数导出了两个计算岩体模量的公式。简化公式仅与 GSI 和 D 有关系，应谨慎使用，仅在收集不到完整岩块的特性资料时采用。较复杂的公式还与完整岩块的模量有关。当室内试验资料中没有岩块模量时，可以根据模量折减因子 MR，用完整岩块强度估计岩块模量	S－形状的函数：$y = c + \frac{a}{1 + e^{-\frac{x - x_0}{b}}}$ 简化 Hoek 和 Diederichs 公式： $E_{rm}(MPa) = 100\,000\left(\frac{1 - \frac{D}{2}}{1 + e^{\frac{75 + 25D - GSI}{11}}}\right)$ Hoek 和 Diederichs 公式： $E_{rm} = E_i\left(0.02 + \frac{1 - D/2}{1 + e^{\frac{(60 + 15D - GSI)}{11}}}\right)$ 估计完整岩块模量： $E_i = MR \cdot \sigma_{ci}$

附录2 地质强度指标图表

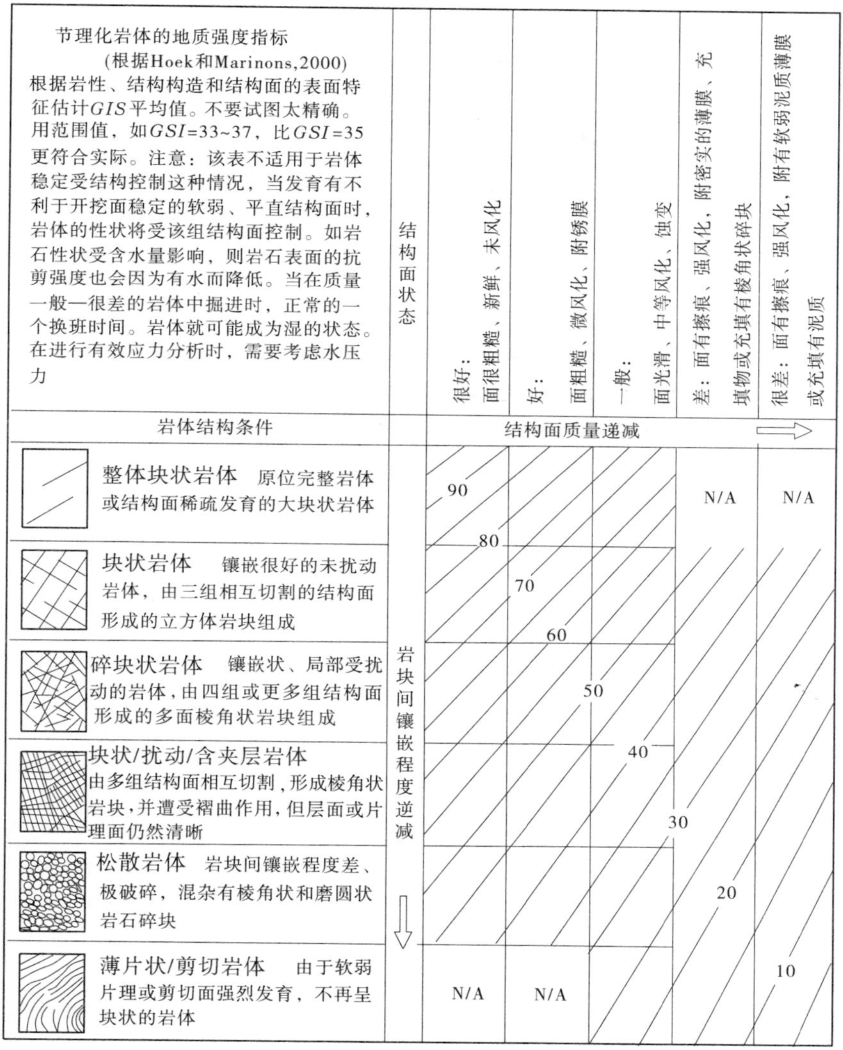

节理化岩体的地质强度指标 (根据Hoek和Marinons,2000) 根据岩性、结构构造和结构面的表面特征估计*GIS*平均值。不要试图太精确。用范围值，如*GSI*=33~37，比*GSI*=35更符合实际。注意：该表不适用于岩体稳定受结构控制这种情况，当发育有不利于开挖面稳定的软弱、平直结构面时，岩体的性状将受该组结构面控制。如岩石性状受含水量影响，则岩石表面的抗剪强度也会因为有水而降低。当在质量一般—很差的岩体中掘进时，正常的一个换班时间。岩体就可能成为湿的状态。在进行有效应力分析时，需要考虑水压力	结构面状态	很好：面很粗糙、新鲜、未风化	好：面粗糙、微风化、附锈膜	一般：面光滑、中等风化、蚀变	差：面有擦痕、强风化、附密实的薄膜、充填物或充填有棱角状碎块	很差：面有擦痕、强风化，附有软弱泥质薄膜或充填有泥质
岩体结构条件		结构面质量递减 ⇨				
整体块状岩体 原位完整岩体或结构面稀疏发育的大块状岩体	岩块间镶嵌程度递减 ⇩	90 80			N/A	N/A
块状岩体 镶嵌很好的未扰动岩体，由三组相互切割的结构面形成的立方体岩块组成			70 60			
碎块状岩体 镶嵌状、局部受扰动的岩体，由四组或更多组结构面形成的多面棱角状岩块组成			50			
块状/扰动/含夹层岩体 由多组结构面相互切割，形成棱角状岩块，并遭受褶曲作用，但层面或片理面仍然清晰				40 30		
松散岩体 岩块间镶嵌程度差、极破碎，混杂有棱角状和磨圆状岩石碎块					20	
薄片状/剪切岩体 由于软弱片理或剪切面强烈发育，不再呈块状的岩体		N/A	N/A			10

参考文献(略)

霍克 - 布朗破坏准则(2002)

Evert Hoek, Carlos Carranza - Torres, Brent Corkum

摘要 岩体的霍克 - 布朗破坏准则已经被广泛接受,并且已经在大量工程项目中得到应用。一般而言,该准则还是令人满意的,但是,还存在一些不确定性因素和误差,使得该准则使用起来不方便,并且与数值模型和极限平衡程序不协调。尤其在1980年霍克 - 布朗破坏准则公布以来,确定针对某一岩体适当的等效摩擦角和等效黏聚力已经显得困难。这篇论文解决了这个问题,并且制定了一系列应用于该准则的计算过程。在这篇论文里,介绍了与该准则相关联的一个程序"RocLab",它提供了一个计算和绘制平衡曲线的方法。

1 引言

霍克和布朗[1,2]介绍了他们的破坏准则,该准则为硬岩中地下工程开挖设计提供所需要的数据。根据霍克的完整岩体的破碎失稳研究[3]和布朗的节理岩体力学行为模型研究[4]推导出该准则。准则最初应用于完整岩体,后来引进了一些因素,并以岩体中的节理特性为基础简化了完整岩体的特性。作者试着将经验判据和利用一种岩体分类标准确定的地质资料联系起来,出于这种目的,选择了 Bieniawski 提出的岩体质量分类标准(RMR)分类方法[5]。

该准则因其独特性,很快被岩石力学学会接受,并且应用范围迅速扩展到推导强度变形关系的最初应用之外。从而,该准则成为验证强度变形关系所必须的手段,同时,也将新的元素随时用于应用这一准则解决特殊问题的范围之内。这些改进的典型案例是应用于"未扰动"和"扰动"的岩体(霍克和布朗[6]),同时,介绍了一种改进后的准则,该准则认为破碎岩体的抗拉强度为零(Hoek、Wood and Shah[7])。

许多地质力学问题,尤其是斜坡稳定问题,使用剪应力和正应力更方便处理,而最初的霍克-布朗破坏准则确定的主应力关系不能解决这些问题。因此,早期最难解决的问题之一是由下式定义的:

$$\sigma_1' = \sigma_3' + \sigma_{ci}\left(m\frac{\sigma_3'}{\sigma_{ci}} + s\right)^{0.5} \tag{1}$$

式中 σ_1' 和 σ_3'——破坏时的最大和最小有效主应力;

σ_{ci}——完整岩体的单轴抗压强度;

m、s——材料常数,完整岩体 $s=1$。

文献 J. W. Bray(霍克报告)和后来的 Ucar[9] 和 Londel[10],推导了岩石破坏时的式(1)和正应力与剪应力之间的准确关系。

Hoek[12]讨论了各种特殊情况下的等效摩擦角和等效黏聚力的推导。这些推导以 Bray 推导的莫尔包络线的切线为基础。Hoek[13]建议在莫尔包络线的曲线上做切线,这样确定的内聚力作为计算的上限值,在稳定计算时可能得到乐观的结果。因此,使用最小二乘法确定线性莫尔-库仑关系,通过这种方法确定的平均值可能更具有适用性。在这篇论文中,霍克也介绍了一般化的霍克-布朗破坏准则的概念,该准则中,主应力曲线或者莫尔包络线的形状可以通过将等式(1)中的平方根用变量因子 a 代替。

霍克和布朗[14]试图通过将所有以前的改进容纳到一个破坏准则的综合表述中,并且,他们给出了大量的实例来解释该准则的实际应用。

除等式中的改变外,同时也认为,Bieniawski 的岩石质量分级(RMR)已经不能足以将破坏准则和野外的地质观察联系到一起,这一点尤其在非常软的岩体中更为明显。这样,霍克就引入了地质强度指标(*GSI*)(Hoek, Wood 和 Shah[7], Hoek 和 Hoek, Kaiser 和 Bawden[15])。随后,这一指标被用于软弱岩体中(Hoek, Marinos 和 Benissi[16], Hoek 和 Marinos[17,18],以及 Marinos 和 Hoek[19])。

下面将不讨论地质力学指标(*GSI*),主要集中讨论节理化岩体的霍克-布朗破坏准则中推荐的计算过程。

2　一般化的霍克－布朗破坏准则

表达式为：

$$\sigma'_1 = \sigma'_3 + \sigma_{ci}\left(m_b \frac{\sigma'_3}{\sigma_{ci}} + s\right)^a \tag{2}$$

式中　m_b——材料常数 m_i 推导出的指标。

$$m_b = m_i \exp\left(\frac{GSI - 100}{28 - 14D}\right) \tag{3}$$

s 和 a——岩体常数，由下式得出：

$$s = \exp\left(\frac{GSI - 100}{9 - 3D}\right) \tag{4}$$

$$a = \frac{1}{2} + \frac{1}{6}\left(e^{-\frac{GSI}{15}} - e^{-\frac{20}{3}}\right) \tag{5}$$

D 是与岩体扰动程度相关的参数，岩体扰动包括爆破损坏与应力释放相关，对于未扰动的原位岩体取 0，严重扰动的岩体取 1。下一节对 D 的选择进行论述。

令 $\sigma_3' = 0$，通过式（2）得出岩体的单轴抗压强度，如

$$\sigma_c = \sigma_{ci} \cdot s^a \tag{6}$$

同时可得到抗拉强度：

$$\sigma_t = -\frac{s\sigma_{ci}}{m_b} \tag{7}$$

式（7）通过将式（2）中的 $\sigma_1' = \sigma_3' = \sigma_t$ 得出。这代表双轴拉伸状态。霍克表明，对于脆性材料，单轴抗拉强度等于双轴抗拉强度。

注意：在 $GSI = 25$ 时，s 和 a 在式（4）和式（5）中被消掉，这样，就给出了一个与 GSI 值相关的平滑的连续曲线。在这些等式中，a 和 s 的数值与之前给出的紧密相关，并且，对读者来讲，没有必要对以前的计算重复和修正。

在 Balmer 中，正应力和剪应力与主应力是相关的：

$$\sigma'_n = \frac{\sigma'_1 + \sigma'_3}{2} - \frac{\sigma'_1 - \sigma'_3}{2} \cdot \frac{d\sigma'_1/d\sigma'_3 - 1}{d\sigma'_1/d\sigma'_3 + 1} \tag{8}$$

$$\tau = (\sigma'_1 - \sigma'_3)\frac{\sqrt{d\sigma'_1/d\sigma'_3}}{d\sigma'_1/d\sigma'_3 + 1} \tag{9}$$

式中

$$d\sigma'_1/d\sigma'_3 = 1 + am_b(m_b\sigma'_3/\sigma_{ci} + s)^{a-1} \tag{10}$$

3　变形模量

岩体的变形模量由下式给出：

$$E_m(\mathrm{GPa}) = \left(1 - \frac{D}{2}\right)\sqrt{\frac{\sigma_{ci}}{100}} \cdot 10^{[(GSI-10)/40]} \tag{11a}$$

式(11a)适用于 $\sigma_{ci} \leqslant 100$ MPa。而对于 $\sigma_{ci} > 100$ MPa 时，使用式(11b)

$$E_m(\mathrm{GPa}) = \left(1 - \frac{D}{2}\right) \cdot 10^{[(GSI-10)/40]} \tag{11b}$$

注意：霍克－布朗破坏准则提出的原始等式已经被修改，通过增加因子 D，则是该公式用于爆破损坏和应力释放的影响后的岩体。

4　莫尔－库仑准则

由于大多数地质力学软件仍旧是根据莫尔－库仑准则而编制的，因此有必要对每一种岩体和应力范围都确定等效摩擦角和黏聚力。通过将一条均分线拟合到用式(2)求得的曲线上，给最小主应力一个范围 $\sigma_t < \sigma_3 < \sigma'_{3\max}$，如图 1 所示。拟合过程包括将莫尔－库仑曲线的上下的面积进行平衡。下面的等式中就是拟合后的结果：

$$\varphi' = \sin^{-1}\left[\frac{6am_b(s + m_b\sigma'_{3n})^{a-1}}{2(1+a)(2+a) + 6am_b(s + m_b\sigma'_{3n})^{a-1}}\right] \tag{12}$$

$$c' = \frac{\sigma_{ci}[(1+2a)s + (1-a)m_b\sigma'_{3n}](s + m_b\sigma'_{3n})^{a-1}}{(1+a)(1+2a)\sqrt{1 + [6am_b(s + m_b\sigma'_{3n})^{a-1}]/[(1+a)(2+a)]}} \tag{13}$$

式中　$\sigma_{3n} = \sigma'_{3\max}/\sigma_{ci}$

注意：$\sigma'_{3\max}$ 的值，通过这一约束应力的上限建立了霍克－布朗和莫尔－库仑准则之间的关系，该值必须根据不同的案例来确定。斜坡和浅埋与深埋隧洞的取值方法后面会提到。

对于给定的正应力 σ，莫尔－库仑剪切强度可以通过式(12)和式(13)确定的 c' 和 φ' 用下式确定：

$$\tau = c' + \sigma\tan\varphi' \tag{14}$$

就最大主应力和最小主应力而言，等效曲线可以用下式定义：

$$\sigma_1' = \frac{2c'\cos\varphi'}{1-\sin\varphi'} + \frac{1+\sin\varphi'}{1-\sin\varphi'}\sigma_3' \tag{15}$$

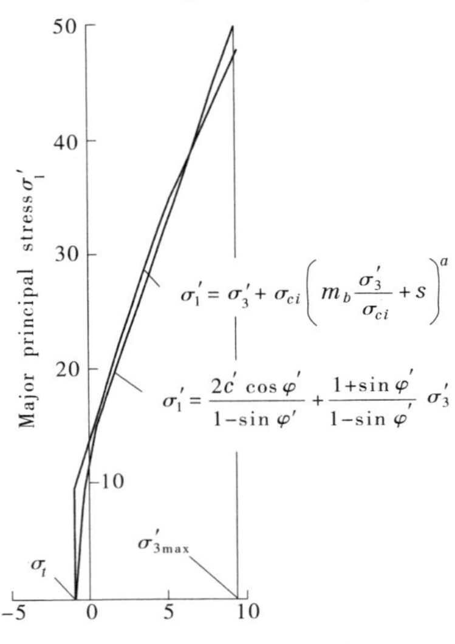

图1　霍克－布朗和等效莫尔－库仑准则之间最大主应力与最小主应力的关系

5　岩体强度

通过式(6)确定岩样饱和单轴压缩强度 σ_c。在开挖边界上产生的应力超过岩样饱和单轴压缩强度 σ_c 时，在边界上会发生破坏。边界上的破坏会从初始破坏发展到双轴应力范围，当由式(2)确定的强度大于开挖后产生的应力 σ_1' 和 σ_3' 时，破坏会稳定下来。大多数数值模型能够记录破坏的传递过程，在考虑开挖岩石的稳定和支护系统设计时，对传递过程进行详细的分析非常重要。

然而，在很多情况下，考虑岩体的整体行为比上面所描述的详细的破坏过程更为实用。例如，当考虑到柱子的强度时，对柱子的整体强度进行考虑会比充分了解柱子上的破坏传递过程更为实用。这样就产生了一个概念，称为全面的“岩体强度”，并且霍克－布朗破坏准则提出，这一点可以通过莫尔－库仑的关系来确定：

$$\sigma'_{cm} = \frac{2c'\cos\varphi'}{1 - \sin\varphi'} \tag{16}$$

c'和φ'根据应力范围$\sigma_t < \sigma_3' < \sigma_{ci}/4$给出：

$$\sigma'_{cm} = \sigma_{ci}\frac{[m_b + 4s - a(m_b - 8s)](m_b/4 + s)^{a-1}}{2(1 + a)(2 + a)} \tag{17}$$

6　$\sigma'_{3\max}$的确定

使用式(12)和式(13)确定$\sigma'_{3\max}$的适当值依赖于应用范围。下面是两个例子：

(1)隧洞。在隧洞中，$\sigma'_{3\max}$的值的确定，对深埋隧洞而言，给出两种破坏准则的等效特性曲线取得；对浅埋隧洞，给出等效沉降曲线取得。

(2)斜坡。对斜坡而言，安全因素、破坏面的位置和形状都必须进行简化。

对于深埋隧洞而言，用于一般化的霍克－布朗破坏准则和莫尔－库仑准则的封闭形式的解都已经被用于形成上百种的解和求出$\sigma'_{3\max}$的值，这样就给出了等效特征曲线。

对浅埋隧洞，就是埋深小于3倍洞径的隧洞，如果能避免洞顶塌落到地面，对失稳的发展和表面沉降的大小进行的数值研究得出的结论会与深埋隧洞得出的结论一致。

深埋隧洞的研究结果在图2中表达出来，得到的等式如下：

$$\frac{\sigma'_{3\max}}{\sigma'_{cm}} = 0.47\left(\frac{\sigma'_{cm}}{\gamma H}\right)^{-0.94} \tag{18}$$

式中　σ'_{cm}——岩体强度，由式(17)确定；

γ——岩体的单位重度；

H——隧洞埋深。

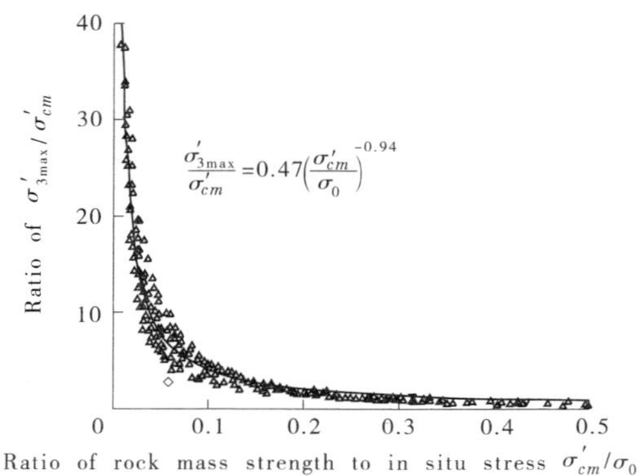

图 2　在隧洞中使用等效莫尔 - 库仑和霍克 - 布朗参数计算的 $\sigma'_{3\max}$ 之间的关系

在水平应力高于垂直应力时，γH 用水平应力代替。

式(18)应用到所有的地下工程开挖，在这些地下工程中，破坏范围不会延伸到地表。就煤矿中块状开挖这样的问题而言，不要试着将霍克 - 布朗和莫尔 - 库仑参数联系在一起，并且材料属性的确定和进一步的分析都只能用这些标准中的一个来进行。

对于斜坡的研究也一样，使用毕肖普循环失稳分析方法，对于斜坡中大量的几何形状和岩体属性，给出下列式子：

$$\frac{\sigma'_{3\max}}{\sigma'_{cm}} = 0.72\left(\frac{\sigma'_{cm}}{\gamma H}\right)^{-0.91} \tag{19}$$

式中　H——斜坡的高度。

7　扰动因数 D 的确定

在一个非常大的露天矿开挖边坡的设计经验表明，对于未扰动的原状岩体($D=0$)使用霍克 - 布朗破坏准则推导岩体的属性也是比较客观的。重型爆破破坏的影响和由于上覆岩体的开挖造成的应力释放会造成岩体的扰动。一般认为，“被扰动”的岩体属性[6]，式(3)和式(4)中的 $D=1$ 更适合于这些岩体。

Lorig 和 Varona 在文献[23]中表明诸如斜坡开挖的不同半径造成

的侧向约束和岩体重力也会对岩体的扰动程度造成影响。

Sonmez 和 Ulusay[24]分析了 Turkey 的露天开挖煤矿 5 个斜坡破坏模式,并且试图根据霍克 - 布朗破坏准则确定的岩体属性去将每一岩体的扰动因素确定下来。不幸的是,斜坡的破坏之一表明一个受结构控制,而另一个由运输垃圾堆积组成。作者认为霍克 - 布朗破坏准则不适用于这两个案例。

Cheng 和 Liu 在文献[25]中指出,在台湾的 Mingtan 电站厂房里,从开挖开始之前设置的变形计对变形测量之后进行了非常仔细的分析。发现爆破损坏范围延伸到爆破范围的 2 m 左右。破坏岩体后的计算强度与变形属性造成的等效扰动因数 $D=0.7$。

这些参考文献表明大量的因素可能对开挖后的岩体的扰动程度造成影响,并且不可能对这些因素的影响进行精确的定量描述。然而,根据这些经验和对这些论文中包括的这些细节分析后,作者试图制定一套估计扰动因数 D 的方法,如表 1 所示。

扰动因素的影响可能是比较大的。在 $\sigma_{ci}=50$ MPa,$m_i=10$ 和 $GSI=45$ 这样一个典型案例中,对于隧洞埋深 100 m,未经扰动的原位岩体来讲,扰动因数 $D=0$,等效摩擦角 $\varphi'=47.16°$,而黏聚力 $c'=0.58$ MPa。对于具备同样参数的岩体,在 100 m 高且受到强烈扰动的斜坡上,扰动因数 $D=1$,等效摩擦角和黏聚力分别为 $\varphi'=27.61°$,$c'=0.35$ MPa。

注意,这仅仅是一种思路,读者应该小心使用这些数值。然而,这些数值往往可以为任何设计提供一个现实的起点,并且在开挖过程中观察到的或者测量到的现象要比预测的更恰当,如果是这样,则要对扰动因素作出适当调整。

8 总结

在使用霍克 - 布朗破坏准则时,文中提到了大量不确定因素和实际的问题。在任何一种可能的情况下,都要努力来提供一种严格和明确的方法用于计算与估计分析计算时所需要的参数。这些方法在 Windows 程序"Roclab"中得到实现。该程序包括了估算完整岩体的抗压强度 σ_{ci}、材料常数 m_i 和地质强度指标 GSI 的表格与图表。

9 致谢

作者感谢布朗教授对该文章的草稿的修改,以及在过去的25年中为霍克–布朗破坏准则的发展付出的艰辛。

表1 扰动因数 D

岩体露头	岩体描述	D 的建议值
	爆破质量控制较好,或者使用隧洞掘进机TBM,对隧洞围岩产生很小的扰动	$D=0$
	在质量差的岩体中进行机械或人工开挖(不爆破),对围岩产生很小的扰动。在因挤压导致明显的地面隆起时,扰动可能会严重一些,除非做临时性换填,如图片所示	$D=0$ 若不进行换填 $D=0.5$
	在硬岩隧洞中,爆破质量非常差,导致对岩体产生严重的扰动,随围岩的影响达2~3 m	$D=0.8$
	市政工程边坡的小规模爆破,对岩体产生很小的破坏。尤其是使用控制性爆破时,如照片中的左侧所示。然而,应力释放也会导致一些扰动	好的爆破 $D=0.7$; 差的爆破 $D=1.0$
	大规模的露天矿开采,由于大量生长爆破和上覆岩体的挖除对岩体产生明显的扰动。 在一些较软的岩体开挖中,通过击打和劈裂进行,这种方式对斜坡岩体的破坏程度比较小	$D=1$ 生产性爆破; $D=0.7$ 机械开挖

参考文献

[1] Hoek E, Brown E T. 1980. Empirical strength criterion for rock masses. J. Geotech. Engng Div. ,ASCE 106(GT9),1013-1035.

[2] Hoek E,Brown E T. 1980. underground Excavations in Rock,London,Instn Min. Metall.

[3] Hoek E. 1968. Brittle failure of rock. In Rock Mechanics in Engineering Practice. (eds K. G. Stagg and O. C. Zienkiewicz). 99-124. London:Wiley.

[4] Brown E T. 1970. Strength of models of rock with intermittent joints. J. Soil Mech. Foundn Div. ,ASCE 96 SM6,1935-1949.

[5] Bieniawski Z T. 1976. Rock mass classification in rock engineering. In Exploration for Rock Engineering,Proc. of the Symp. ,(ed. Z. T. Bieniawski) 1,97-106. Cape Town,Balkema.

[6] Hoek E,Brown E T. 1988. The Hoek-Brown failure criterion-a 1988 update. Proc. 15th Canadian Rock Mech. Symp. (ed. J. C. Curran),31-38. Toronto,Dept. Civil Engineering. University of Toronto.

[7] Hoek E,Wood D, Shah S. 1992. A modified Hoek Brown criterion for jointed rock masses. Proc. Rock Characterization,Symp. Int. Soc Rock Mech. . Eurock 92. (ed. J. A. Hudson),209-214. London,Brit. Geotech. Soc.

[8] Hoek E. 1983. Strength of jointed rock masses,23rd. Rankine Lecture. Geotechnique 33(3),187-223.

[9] Ucar R. 1986. Determination of shear failure envelope in rock masses. J. Geotech. Engg. Div. ASCE. 112,(3),303-315.

[10] Londe P. 1988. Discussion on the determination of the shear stress failure in rock masses. ASCE J Geotech Eng Div,14(3),374-6.

[11] Carranza-Torres C, Fairhurst C. 1999. General formulation of the elasto-plastic response of openings in rock using the Hoek-Brown failure criterion. Int. J. Rock Mech. Min. Sci. ,36(6),777-809.

[12] Hoek E. 1990. Estimating Mohr-Coulomb friction and cohesion values from the Hoek-Brown failure criterion. Intnl. J. Rock Mech. & Mining Sci. & Geomechanics Abstracts. 12(3),227-229.

[13] Hoek E. 1994. Strength of rock and rock masses. ISRM News Journal,2(2):4-16.

[14] Hoek E, Brown E T. 1997. Practical estimates of rock mass strength. Intnl. J. Rock Mech. & Mining Sci. & Geomechanics Abstracts. 34(8),1165-1186.

[15] Hoek E,Kaiser P K, Bawden W F. 1995. Support of underground excavations in hard rock. Rotterdam,Balkema.

[16] Hoek E,Marinos P, Benissi M. 1998. Applicability of the Geological Strength Index(GSI) classfication for very weak and sheared rock masses. The case of the Athens Schist Formation. Bull. Engg. Geol. Env. 57(2),151-160.

[17] Marinos P,Hoek E. 2000. GSI-A geologically friendly tool for rock mass strength estimation. Proc. GeoEng 2000 Conference,Melbourne.

[18] Hoek E,Marinos P. 2000. Predicting Tunnel Squeezing. Tunnels and Tunnelling International. Part 1-November 2000. Part 2-December,2000.

[19] Marinos P,Hoek E. 2001. –Estimating the geotechnical properties of heterogeneous rock masses such as flysch. Accepted for publication in the Bulletin of the International Association of Engineering Geologists.

[20] Balmer G. 1952. A general analytical solution for Mohr's envelope. Am. Soc. Test. Mat. 52,1260-1271.

[21] Sjöberg J,Sharp J C, Malorey D. J. 2001 Slope stability at Aznalcóllar. In Slope stability in surface mining. (eds. W. A. Hustrulid,M. J. McCarter and D. J. A. Van Zyl). Littleton:Society for Mining,Metallurgy and Exploration,Inc. ,183-202.

[22] Pierce M,Brandshaug T, Ward M. 2001. Slope stability assessment at the Main Cresson Mine. In Slope stability in surface mining. (eds. W. A. Hustrulid),M. J. McCarter and D. J. A. Van Zyl). Littleton:Society for Mining. Metallurgy and Exploration,Inc,239-250.

[23] Lorig L, varona P. 2001. Practical slope-stability analysis using finite-difference codes. In Slope stability in surface mining. (eds. W. A. Hustrulid,M. J. McCarter and D. J. A. Van Zyl). Littleton:Society for Mining. Metallurgy and Exploration, Inc. ,115-124.

[24] Sonmez H, Ulusay R. 1999. Modifications to the geological strength index(GST) and their applicability to the stability of slopes. Int. J. Rock Mech. Min. Sci. , 36 (6),743-760.

[25] Cheng Y,Liu S. 1990. Power caverns of the Mingtan Pumped Storage Project. Taiwan. In Comprehensive Rock Engineering. (ed. J. A. Hudson),Oxford:Pergamon, 5,111-132.

岩体模量的经验估算方法

译自《国际岩石力学与矿业科学学报》43（2006）203－215

E. Hoek，M. S. Diederichs

摘要 岩体变形模量是所有涉及岩体变形特性分析的重要输入参数，直接确定岩体变形模量的现场试验耗时长、费用高，而试验成果的可靠性有时值得怀疑。因此，一些学者提出了根据岩体分类系统来估算岩体变形模量值的经验公式，本文对此进行了总结、分析，并根据中国大陆和台湾地区进行的大量原位测试成果，据S型函数导出了新的相关关系，在这个新的相关关系中考虑了完好岩石的性质、爆破与应力释放等扰动因素的影响。

关键词 岩体；分类；变形模量；原位试验；试样破坏；爆破破坏；扰动

1 前言

岩体变形模量是所有涉及岩体变形特性分析中的重要输入参数，如隧洞初期支护和最终衬砌设计中，围岩的变形问题很重要，进行变形数值分析需要估算岩体的变形模量。直接确定岩体变形模量的现场试验耗时长、费用高，而试验成果的可靠性有时值得怀疑。因此，一些学者提出了根据岩体分类系统，估算均质岩体变形模量值的经验公式，如与岩体分级 *RMR*、隧洞围岩质量指标 *Q* 和地质强度指数 *GSI* 等的经验相关关系。

大多数学者推断相关性所用的野外试验资料源自 Serafim、Pereira[4] 和 Bieniawski[5]，一部分源自 Stephens、Banks[6]。所有这些资料和最有名的经验公式汇总于图1和表1。这些经验关系式大多数与野外数据拟合得比较好，但所有指数关系式由于其渐近线定义得差，对于整体块状岩体来说，所估算出的变形模量很不准确。Read 等[7] 欲通过采用第三势曲线，限制整体块状岩体的模量预测值，Barton[8] 也是采用这种方法。Mitri[9]、Sonmez 等[10]和 Carvalho[11]所提出的关系式中含有完好岩石的模量(E_i),但这些关系式与图 1 整体数据拟合得不好。

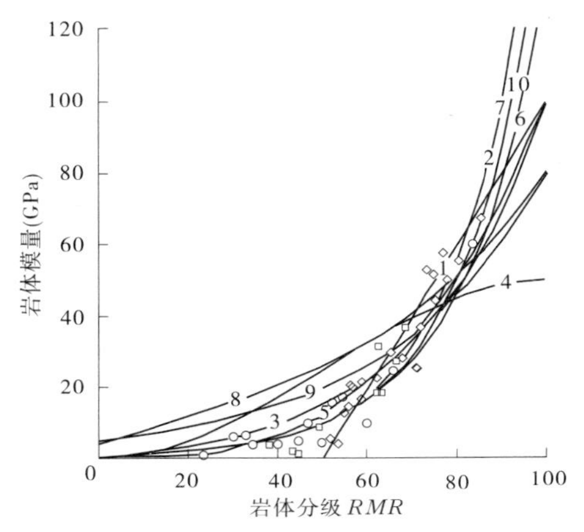

图 1　岩体变形模量经验关系估算值与原位试验成果对比

另外,还有一些学者将岩体模量与其他分类系统相关,如 RMI[15]和 RQD[16],这里没有加入这方面的资料。不过,Zhang、Einstein 写的论文[16]有相关资料,他们根据 Kulhawy 的论文[17],绘制出一系列曲线,说明岩体模量增加速率随节理间距增大而减小。学者们选择 S 型关系式来抑制越来越完好岩体模量的增加,采用的是相同的推理。

应注意的是,上述和本文中所论述的所有关系式都是假设岩体是均质、各向同性的。显然,存在岩体变形模量与加载方向密切相关的这种情况,如片岩类基础,这类情况不在本文讨论范围,而是属于不连续系统模量数值模型模拟范围。

2　原位试验方法

确定岩体变形模量最常用的原位试验是平板载荷试验(千斤顶试验),这类试验有的是用加压扁千斤顶作用在压杆上,有的是通过一套液压千斤顶,将荷载加到预制好的岩面上。

表 1　图 1 的数据来源和岩体模量估算拟合关系式

●	野外数据	Serafim、Pereia[4]
◆	野外数据	Bieniawski[5]
■	野外数据	Stephens、Banks[6]
1	$E_m = 2RMR - 100$	Bieniawski[5]
2	$E_m = 10^{[(RMR-10)/40]}$	Serafim、Pereia[4]
3	$E_m = E_i/1\,000[0.002\,8RMR^2 + 0.9\exp(RMR/22.82)]$，$E_i = 50$ GPa	Nicholson、Bieniawski[12]
4	$E_m = E_i\{0.5[1-\cos(\pi RMR/100)]\}$，$E_i = 50$ GPa	Mitri 等[9]
5	$E_m = 0.1(RMR/10)^3$	Read 等[7]
6	$E_m = 10Q_c^{1/3}$，其中 $Q_c = Q\sigma_{ci}/100$，$\sigma_{ci} = 100$ MPa	Barton[8]
7	$E_m = (1-D/2)(\sigma_{ci}/100)^{1/2} \times 10^{(RMR-10/40)}$，$D = 0$，$\sigma_{ci} = 100$ MPa	Hoek 等[13]
8	$E_m = E_i(s^{\alpha})^{0.4}$，$E_i = 50$ GPa，$s = \exp[(GSI-100)/9]$	
	$\alpha = 1/2 + 1/6[\exp(-GSI/15) - \exp(-20/3)]$，$GSI = RMR$	Sonmez 等[10]
9	$E_m = E_i s^{1/4}$，$E_i = 50$ GPa，$s = \exp[(GSI-100)/9]$	Carvalho[11]
10	$E_m = 7(\pm 3)(Q')^{1/2}$，$Q' = 10[(RMR-44)/21]$	Diederichs、Kaiser[14]

这类试验经常通过测量承载板的位移量来计算变形模量，造成结果不够准确，其原因有承载板的偏斜、板与岩体之间空隙的闭合及承载板下面卸荷裂隙与爆破所形成裂隙的闭合。Ribacchi 在文献[18]中对此问题作了详细的调查，得出只有在承载板以下一定深度处量测位移量，才能得到可靠的结果。因此，应尽可能用埋于岩体中的多点应变计来量测变形量。

根据试验得出的测量结果，可对岩体的变形特性作出数种定义，如图 2 所示，因此解释测量结果时需要相当谨慎。初始切线模量 1 对应于应力 - 应变曲线的初始段，有可能与岩体的性质无关，而与近表部岩体内缝隙的闭合和加载系统的机械构成有关。

部分学者提出弹性(切线)模量2,也提出了变形(割线)模量4。对于未受破坏、有侧限的岩体来说,这两个值应该是相近的。实际上,大部分学者仅提出变形模量成果,大多低估了岩体的变形能力。

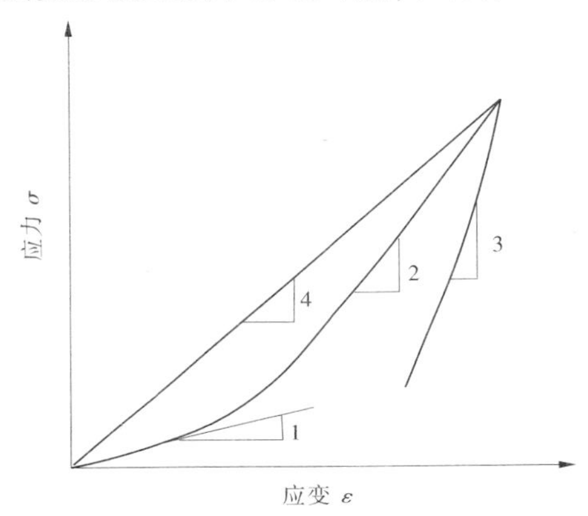

1—初始切线模量;2—弹性切线模量;3—恢复模量;4—变形模量

图2　岩体变形特性的几种定义

测定岩体模量的另一种原位试验方法是 Manuel Rocha 博士于19世纪60年代提出的,并应用于葡萄牙和非洲地区的数座大坝工程。该方法是用嵌金刚石的圆锯在岩体中切割一条深槽,然后将一个大的扁千斤顶插入槽内,加压,测量岩体的变形,得出岩体的变形模量。虽然这种方法得出的结果比较可靠,但因很费时,且费用高,最近几年没有再采用。

Oberti 等在1983年提出了利用压力室进行大型试验,见文献[20],但因所涉及的时间与费用问题,仅在极少数工程得到应用。同样,Tanimono 在文献[21]中论述了结合隧洞掘进,进行掌子面开挖前后岩体变形的详细回归分析。但就我们所知,仅进行一例这样的分析。这种试验的详细情况如图3所示,在一个跨度10 m的隧洞内,在洞顶面向上2 m处沿隧洞轴线方向布置一个钻孔,将含应变测量计的铝管浇注在孔内,观测变形量。进行掌子面附近岩体变形三维有限分析,得出一条能与变形测量值相拟合的曲线,利用该曲线进行岩体变形模量估算。

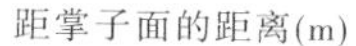

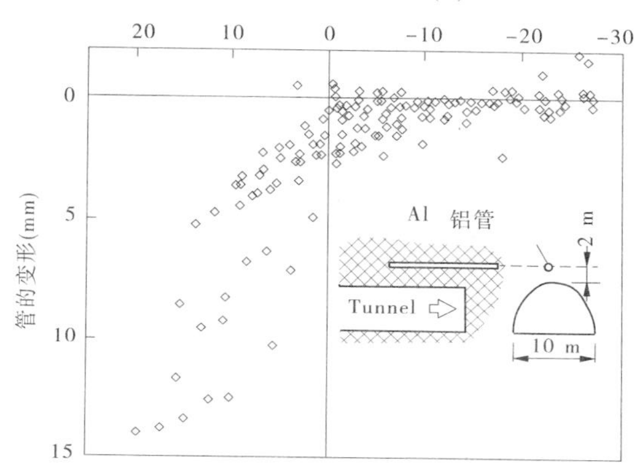

图3　源自 Tanimono 的掌子面围岩变形测量

近20年来,有了强大的数值分析程序,才可以进行隧洞围岩性状的回归分析,估算或者验算岩体的特性,得出预测值与实测值之间最佳的对应关系。本文列举了作者所进行的数例这种回归分析的结果。将来这种回归分析将是获得可靠资料的重要手段。

在本课题的研究中发现,各种中心孔法平板载荷试验得出的结果可信度较差。这类设备得出的测量值难以解释,特别是在坚硬、节理发育岩体中进行的试验,受力的岩体体积明显过小,这些设备测得的资料都很分散,没有逻辑模式可言,因此决定从分析资料库中清除。

3　新数据库描述

台湾的 J. c Chen 博士作为本次均质岩体模量估算方法回顾的合作者,提供了本次研究所用的大量原位测试数据资料。将中心孔法等这类不可信资料清除以后的所用资料情况见表2,表中给出了对应于不同岩类、不同国家或地区和不同试验类型的试验组数。

本次新资料分析中采用了 Hoek、Brown 在文献[3]中所提出的如下 RMR 与 GSI 相关关系:

1990年以前的:$GSI = RMR_{76}$

1990年以后的:$GSI = RMR_{89} - 5$

源自中国大陆和台湾地区工程所有变形模量原位实测值与 *GSI* 的关系见图 4。由于大部分需要用变形模量的工程所采用的应力单位为 MPa，因此决定本文中所有模量数据以 MPa 为单位，而不是平常所用的 GPa 单位。

表 2　新数据库中的原位试验组数分类统计

岩石类型	试验组数	岩石类型	试验组数	岩石类型	试验组数
沉积岩	260	火成岩	179	变质岩	55
砂岩	117	玄武岩	46	板岩	26
灰岩	61	混合岩	35	石英岩	10
粉砂岩	54	集块岩	30	硅质黏土岩	7
粉质页岩	7	闪长岩	20	绿泥石	2
黏土岩	2	花岗岩	16	片麻岩	2
含砾泥岩	6	辉绿岩	15	片岩	2
泥岩	5	安山岩	11	变质砾岩	6
页岩	5	安山石凝灰岩	5		
砂质页岩	3	辉长岩	1		
试验时间	试验组数	*RMR* 或 *GSI* 范围	试验组数	试验类型	试验组数
2000 ~ 2005	12	0 ~ 20	4	回归分析	18
1990 ~ 1999	197	20 ~ 30	22	扁千斤顶	53
1980 ~ 1989	141	30 ~ 40	42	平板载荷	423
1970 ~ 1979	126	40 ~ 50	67		
1960 ~ 1969	18	50 ~ 60	96		
数据来源	试验组数	60 ~ 70	163		
中国大陆	457	70 ~ 80	63		
台湾地区	37	80 ~ 90	33		
		90 ~ 100	4		

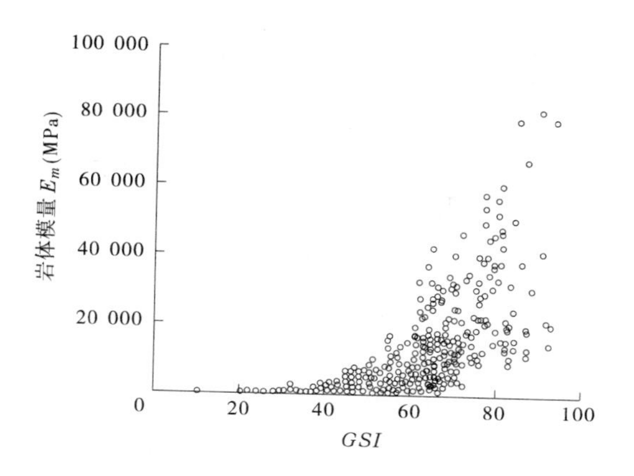

图 4　源自中国大陆、台湾地区资料的
实测岩体变形模量与 *GSI* 关系图

4　新数据的简化分析

在分析来自中国大陆和台湾地区的新资料过程中，作了如下假设：

（1）对所有研究者来说，该资料可能代表当前能收集到的、合乎质量要求的、最好的现场试验数据。数值的分散起因于 *GSI*、完整岩块性质、岩体模量固有的分散性和爆破、卸荷扰动的结果。

（2）数据组数值的上限代表有侧限、未受扰动或未受破坏岩石的岩体模量，如埋深较大隧洞段的围岩。

（3）扰动和破坏对岩体模量上限值的影响可用 Hoek 等在文献[13]中提出的扰动因数 D 来表示，有关扰动因数 D 的论述和取值建议见第 7 部分。

（4）岩体模量最大值与 *GSI* 值能达到 90 ~ 100 的整体块状岩体的变形模量相对应。

（5）本文所述的模量估算适用于均质岩体。

（6）为了抑制模量随 *GSI* 的增大而增大，以 S 型函数作为本分析的基础，该 S 型函数的基本形态如下：

$$y = c + \frac{a}{1 + e^{-[(x-x_0)/b]}} \tag{1}$$

根据上述假设,对图 4 中来自中国大陆和台湾地区的资料进行了分析。利用商用曲线拟合软件,将式(1)与这些数据进行拟合,然后将该拟合公式中的常数 a 和 b 与 GSI 和扰动因数 D 相关,调整其相关关系,得出相等同的平均值曲线、上限和下限曲线,使得 90% 以上的实测数据点能包含在该范围内。应注意的是,式(2)中常数 $a = 100\ 000$,与岩体的物性没有直接关系。

推导得出以下最佳拟合公式:

$$E_m(\text{MPa}) = 100\ 000\left(\frac{1 - D/2}{1 + e^{[(75+25D-GSI)/11)}}\right] \tag{2}$$

在本文后面的章节对此作了更详细的分析,故将式(2)称为简化 Hoek、Diederichs 公式。

如图 5 所示,由式(2)生成的曲线与源自中国大陆和台湾地区的数据点叠加在一起。$D = 0.5$(局部扰动)这条平均曲线认为可作为整体分析用,$D = 0$(未扰动)和 $D = 1$(完全扰动)对应的曲线各代表上限和下限。

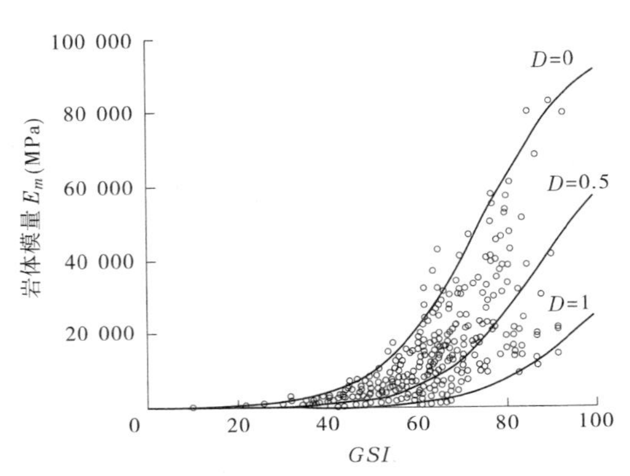

图 5　中国大陆与台湾地区资料的简化 Hoek、Diederichs 关系图

GSI 接近于 100 的整体块状岩体试验结果表明,测得的变形量与量测设备的精度为同一量级,这就会造成明显的错误,如图 5 中所示的上限范围外的点。如第 5 节所述，通过将同一场地的测量结果进行平均，可以避免上述问题。不过，在图 4 和图 5 中还是决定将所有的数据都点上，以说明现场试验所能得出的范围。

简化公式(2)中没有考虑岩石的完整性。当没有完好岩石性质方面的可靠资料时建议用公式(2)，不过该公式相应于 $D=0$ 的曲线确实提供了可靠的上限范围。

为了独立检验公式(2)是否合适，将之与 Serafim、Pereira[4]，Bieniawski[5] 和 Stephens、Banks[6] 报道的现场实测资料进行了对比。这些文章中的资料源自高质量的试验，大家普遍认为是可靠的。所有这些资料均是 1989 年以前收集到的，因此假定 $GSI = RMR_{76}$。

从图 6 可看出，对应于 $D=0$(上限，未扰动状态)，简化 Hoek、Diederichs 公式(2)与这些现场试验数据拟合得很好。

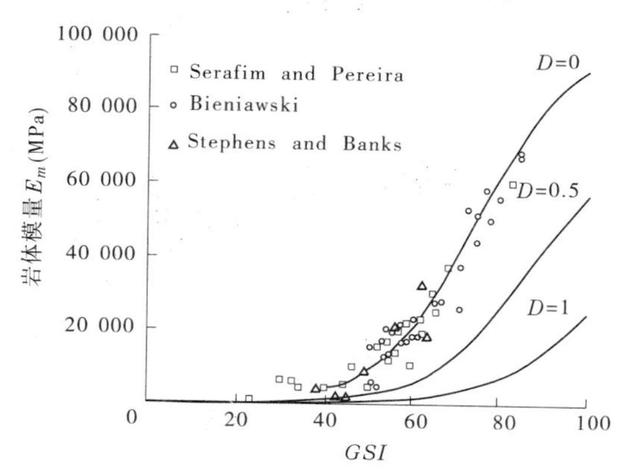

图 6 Serafim，Pereira[4]，Bieniawski[5] 及 Stephens、Banks[6] **的原位岩体变形模量数据与** Hoek、Diederichs **简化公式对比**

5. 所选数据的详细分析

源自中国大陆和台湾地区的变形模量资料中含有地质资料和完好岩石的单轴抗压强度(σ_{ci})。这样就能进行进一步的详细分析，将岩体与岩石的模量比(E_m/E_i)包含在内。采用 Deere 在文献[22]中提出的模量比 MR(根据本次所用的数据资料和 Palmsrrom、Singh 在文献[15]

中提出的补充相关关系，本文对之作了修正），据下式可估算完好岩石的模量：

$$E_i = MR\sigma_{ci} \tag{3}$$

当没有直接的完好岩石模量值或者难以取原状样进行岩石模量试验的地方，就可以利用这个相关关系。采用式(3)来估算 E_i，对源自中国大陆和台湾地区的资料进行了详细分析，得出以下公式：

$$E_m = E_i\left(0.02 + \frac{1 - D/2}{1 + e^{[(60+15D-GSI)/11]}}\right) \tag{4}$$

该公式将式(1)中的参数 c 具体化成一个有限数值，说明 $GSI = 0$ 完全破碎岩石（搬运岩石、聚集料或土）的模量。图7对该函数与中国大陆和台湾地区现场数据的平均标准值作了对比。

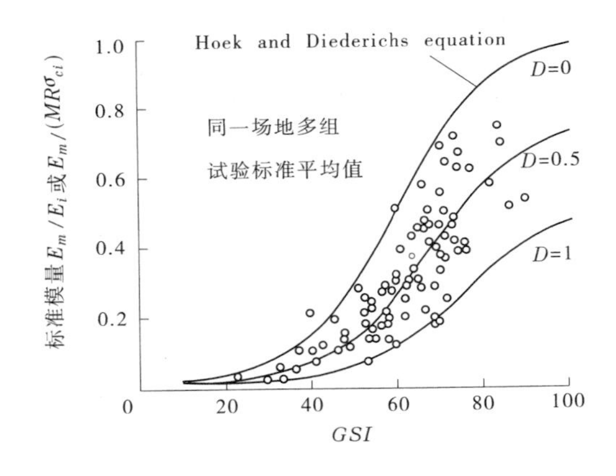

图7　源自中国大陆与台湾地区的标准化原位岩体变形模量与 Hoek & Diederichs 公式(4)对照图

（每一个数据点代表同一场地同一种岩体多组试验的平均值）

根据 Deere 在文献[22]中提出的模量折算值 MR，表3列出了各种岩类的 MR 建议值，可用于完好岩石模量 E_i 的计算。一般说来，很少能实测得出 E_i 值，即使有，由于试件的破坏，其可靠性也值得怀疑。同强度相比，试件破坏对模量的影响要更大一些。因此，一般认为测得的完好岩石的强度更可信一些。

据 Martin、Stimpson[23]的资料，与未破坏试样的弹模和深部据物探测得的有侧限模量相比，即使是看上去完好的岩石（$GSI=100$），因应力释放而造成的严重试样破坏（微裂隙）可使弹模降至 50%。这种现象在式(4)和图 7 中对于 $GSI=100$ 的岩体以 $D=1$ 曲线来反映。这种类型的破坏也有可能出现在与深部开挖区相邻的地段，正好在任何可见的屈服能观察到之前达到。过度的爆破也会造成同等级别的破坏。

Ribacchi 在文献[18]中曾报道，原位实测模量可高达完好非层状岩石模量值的 2 倍，而对于层状岩石来说，其结果会更高。他也提出应力释放形成的微裂隙最有可能是造成这种不正常结果的原因。层状岩石从表 3 中选择 MR 时一定要注意表下的备注内容。

表 3　式(3)中模量比(MR)的建议取值范围(根据 Deere[24]和 Singh[13])

<table>
<tr><th colspan="3" rowspan="2">岩石分类</th><th colspan="4">结构</th></tr>
<tr><th>粗粒</th><th>中粒</th><th>细粒</th><th>极细粒</th></tr>
<tr><td rowspan="4">沉积岩</td><td colspan="2">碎屑岩</td><td>砾岩 300 ~ 400
角砾岩
230 ~ 350</td><td>砂岩
200 ~ 350</td><td>粉砂岩
350 ~ 400
杂砂岩 350</td><td>黏土岩 200 ~ 300
页岩 150 ~ 250
泥灰岩 150 ~ 200</td></tr>
<tr><td rowspan="3">非碎屑岩</td><td>碳酸岩</td><td>结晶石灰岩
400 ~ 600</td><td>石印石灰岩
600 ~ 800</td><td>微晶石灰岩
800 ~ 1 000</td><td>白云岩
350 ~ 500</td></tr>
<tr><td>蒸发岩</td><td></td><td>石膏(350)[b]</td><td>硬石膏(350)[b]</td><td></td></tr>
<tr><td>有机的</td><td></td><td></td><td></td><td>白垩 1000 +</td></tr>
<tr><td rowspan="3">变质岩</td><td>无片理</td><td>大理岩
700 ~
1 000</td><td></td><td>角页岩
400 ~ 700
变质砂岩
20 ~ 300</td><td>石英岩
300 ~ 450</td><td></td></tr>
<tr><td>微片理化</td><td></td><td>混合岩
350 ~ 400</td><td>闪岩
40 ~ 500</td><td>片麻岩
300 ~ 750[a]</td><td></td></tr>
<tr><td>片理化</td><td></td><td></td><td>片岩
250 ~ 1 100</td><td>千枚岩/
云母片岩
30 ~ 800[a]</td><td>板岩
40 ~ 600[a]</td></tr>
</table>

续表 3

岩石分类			结构				
			粗粒	中粒		细粒	极细粒
火成岩	深成	浅色	花岗岩[c] 30 ~ 550	花岗闪长岩[c] 400 ~ 450	闪长岩[c] 300 ~ 350		
		深色	辉长岩 400 ~ 500	苏长岩 350 ~ 400	粗粒玄武岩 300 ~ 400		
	半深成			玢岩(400)[b]		辉绿岩 300 ~ 350	橄榄岩 250 ~ 300
	火山岩	熔岩		流纹岩 300 ~ 500 安山岩 300 ~ 500		英安岩 350 ~ 450 玄武岩 250 ~ 450	
		火成碎屑岩	集块岩 400 ~ 600	火山角砾岩 (500)[b]		凝灰岩 20 ~ 400	

注:a. 各向异性明显的岩石:法向应变与荷载方向若平行于软弱面,*MR* 值则高;若是垂直于软弱面,*MR* 值则低。单轴试验加载方向应与现场受力方向相同。

b. 无相关资料,根据地质逻辑估算的。

c. 长英似花岗岩结构:粗粒或蚀变的 *MR* 值高,细粒的 *MR* 值低。

如图 7 所示,对于节理发育的岩体($GSI < 80$)来说,破坏的影响相对更严重一些,这与 Palmsrrom、Singh 在文献[15]中提出的结论相一致。他们发现,对于 $GSI = 50 \sim 70$ 的岩体来说,同一种岩体 TBM 施工($D = 0$)隧洞中测得的模量值比爆破法施工($D = 0.5 \sim 1$)隧洞中测得的值高 2 ~ 3 倍。

用中国大陆和台湾地区的资料,根据式(3),将表 3 中的 *MR* 值与实验室实测的 σ_{ci} 值相乘,计算出“完好”岩石模量值,然后根据式(4)计算出岩体的模量,其结果如图 8 所示(假定 $D = 0.5$),将计算出的值与实测的模量平均值绘在对数坐标的图上,使两者的差别能看得更清楚。从图 8 可看出,计算值与实测平均值结果很一致,这说明能用式(4)估算岩体模量,其精度对大部分工程来说能满足要求。

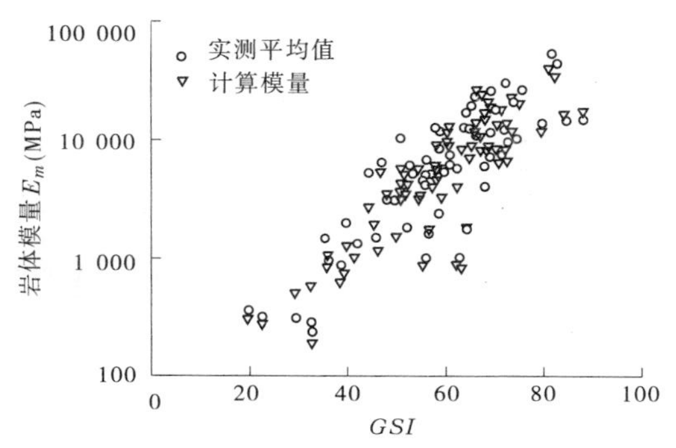

图8　中国大陆与台湾地区岩体变形模量实测平均值
(每一个点为同一场地同一种岩体多组试验的平均值)
与式(4) D 取0.5得出的计算值比较

6　估算方法的对比

如图9所示,通过对比各变形模量预测值与原位测量值之间的误差,最终检验 Hoek & Diederichs 公式的准确度。该比较是根据误差率 ER(高估值)和 ER^*(低估值)来确定的:

$$\left.\begin{aligned} ER &= \frac{E_m\text{ 计算值}}{E_m\text{ 实测值}} \\ ER^* &= \frac{E_m\text{ 实测值}}{E_m\text{ 计算值}} \end{aligned}\right\} \tag{5}$$

采用中国大陆和台湾地区的数据组,用 Serafim & Pereira[4]、Read 等[7]的式(2)和式(4)计算岩体的模量,再计算出相应的误差率,绘在图9误差率—GSI 散点图上。

图9证明了 Hoek & Diederichs 计算公式的精度相对较高,同时也说明了已经有岩石单轴抗压强度的时候,应该用细化 Hoek & Diederichs 式(4),结合式(3)来计算。如果有可靠的完好岩石模量资料,也可以单独用式(4)。

7　扰动因数 D 的取值建议

扰动因数 D 是 Hoek 等在文献[13]中提出的,没有大量的应用经

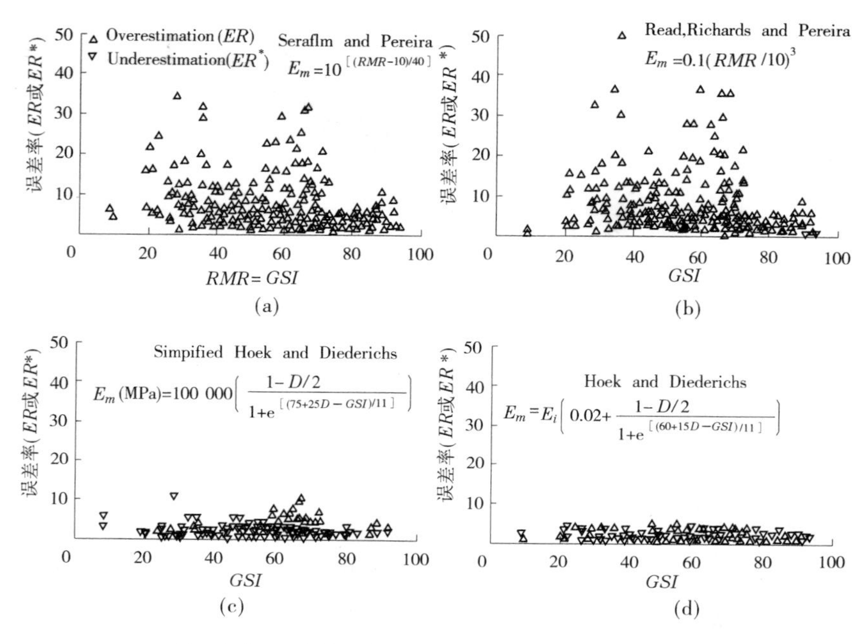

图 9 预测误差比较(Hoek & Diederichs 公式 $D=0.5$)

验。从上文论述的结果中,可清楚地看出 D 明显影响岩体变形模量的估算,而这种影响看上去与实际观察到的现象和工程论证相一致。

爆破、应力释放和某些工程出现的应力诱发裂隙对岩体的扰动程度与距离剥离面的距离有关。在最近的一个隧洞设计工程中,曾假设 D 值与隧洞围岩失稳段诱发的应变成正比。能将 D 值的变化直接结合在模型中的数据模型极少见,但一般可以包含一系列围绕开挖面的中心环,D 值随着环数的增加而赋予逐渐减少的值。这种方法可以用于实测变形的回归分析,以确定变形模量值,也可以用于需要估算变形模量值的设计中,确定开挖面周围的变形。

由于工程情况的千变万化,D 的具体取值与各工程的开挖和建筑物的具体加载序列有关,因此很难给出一个准确的取值建议。例如,基础的开挖和受力情况与隧洞的开挖和受力情况是有很大区别的,设计者在阐述项目设计所用方法过程中必须考虑这些差别。因此,与给出

D 值取值范围建议表相比,作者更愿意通过一系列工程实例来说明在每一项分析中该如何采用扰动因数,希望通过这些实例能让读者明白怎样取一个合适的扰动因数值。

同时应说明的是,将数值分析结果应用于岩石工程设计中时应慎重。无论当今数值方法的经验和精度如何提高,所有输入资料的固有多变性必然会造成其结果的不确定性。因此,对于运用数值分析工具的设计者来说,不要轻易接受个别分析结果,而是应该进行一系列变量的分析研究,使每一个输入参数在一个可信的范围内变动,得出相应于这些变量变化的设计敏感性。事实上,对于判断设计结果是否可行来说,确定输入参数变化的设计敏感性很可能比任何一个计算出的变形值或安全系数更重要。

在详细讨论扰动因数 D 之前,必须先解释清楚岩体分类的总体使用情况。所有分类都是在岩体是均质、各向同性的这个假设基础上提出的,这就意味着岩体应发育有足够的结构面,使岩体的变形性状具各向同性特点。

岩块块体在基础岩体中所占比例的大小是一个重要因素。如图10所示为一个 5 m 高的岩质边坡,其岩块的块度与坡高相当,使该边坡不能再按均质岩体来处理。因此,典型的岩体分类系统不能用于该边坡,其稳定和变形问题必须根据各岩块的三维几何形态来分析。而同等块度的岩石出现在图 11 这样的大型露天矿开挖边坡中,则接近各向同性条件,这种规模中的岩体能归为均质岩体,可以用岩体分类系统。

如上所述,图 11 为智利 Chuquicamta 露天煤矿的开挖边坡,构成这些边坡的岩体可按均质考虑,在其稳定分析中,利用岩体分类系统进行了强度和变形估算。这些边坡采用大规模生产爆破方法开挖,据文献[24]经验判断,爆破破坏和卸荷影响范围波及坡顶后面 100 m 以外。分析这种松动岩体的稳定性,采用 Hoek - Brown 失稳准则来估算与边坡稳定性相关的岩体特性时,扰动因数 D 有必要取 1 左右。

图 12 所示的是台湾明潭抽水蓄能电站工程厂址区节理发育砂岩露头照片,图 13 所示的是在这种岩体中开挖的一个跨度 22 m 厂房洞

图 10　路肩人工边坡，岩块的块度与坡高相当，
以均质为假设前提的岩体分类不能用于这种岩体

图 11　智利 Chuquicamta 露天煤矿的开挖边坡，边坡高 850 m，
各层岩体按均质来处理

室，采用爆破法开挖所形成的顶部形状。尽管尽量对爆破破坏进行了控制，岩体中发育的倾斜结构面还是造成开挖断面呈不规则状。据文献[24]所述，在洞室内安装了应变计，进行了仔细的变形量测，对其结果进行回归分析，得出爆破破坏和应力释放影响范围波及开挖面后 1.5 ~ 2 m 范围。因此，在整体洞室变形分析中，每一个开挖段周围，圈出了一个厚约 2 m 的扰动带（$D=0.5$），此带以外的岩体按未受扰动考虑（$D=0$）。

阿根廷科尔多瓦附近的 Rio Grande 抽水蓄能电站工程，地下厂房

图 12　台湾明潭抽水蓄能电站工程厂址区节理发育砂岩地表露头

图 13　节理发育岩体用钻爆法开挖的洞室剖面

洞室采用光面爆破方法,大块状的片麻岩开挖时达到了未受扰动状态,如图 14 所示。这个跨度 25 m 的洞室因爆破质量高,支护需要量达到了最小限度。在这种情况下,在设计计算中,洞室围岩的扰动因数 D 取 0 较合适,忽略爆破破坏影响,没有扰动带。

图 15 为希腊 Acheloos 隧洞附近一处路肩开挖面上拍到的褶曲沉

图 14　阿根廷 Rio Grande 抽水蓄能电站工程
用光面爆破法在大块状片麻岩中开挖的地下洞室

积岩露头,能看出岩体受到一些扰动,但相对较浅。建议设计计算时扰动因数 D 取 0.3。

图 15　希腊 Acheloos 隧洞附近一处路肩
开挖面上拍到的褶曲沉积岩露头

另一方面,如图 16 所示,这是用 TBM 方法开挖的 Acheloos 隧洞洞壁,此处紧邻图 15 所示的露头,岩体组成相类似,处于未受扰动状态,D 取 0。这种岩体由层状沉积岩组成,在 Pindos 山脉形成时期遭受构造作用,强烈褶曲,形成紧闭的褶皱。如根据室内试验来确定的完好岩石模量,很可能会得出这些层状岩石存在工程问题。因此,总的岩体模量应根据 GSI 分级进行估算,根据式(2),或者根据 MR 估算值和岩块

强度 σ_{ci}，代入式(3)和式(4)计算得出。

图16　希腊 Acheloos 隧洞褶曲沉积岩段
TBM 施工法达到的未扰动状态

8　结论

通过对中国大陆和台湾地区各种岩类原位模量测试结果的分析，得出了两个新的岩体变形模量估算公式。据这两个公式估算出的上限值与数个不同国家以前所实测的结果相吻合，故得出这两个公式适用于全世界范围的均质岩体。建议上限值用于有侧限的隧洞设计，对于埋深浅的隧洞、边坡和地基，扰动对岩体的影响用扰动因数 D 来表达。

当只有 *GSI*(或 *RMR* 或 *Q*)资料时，用简化 Hoek & Diederichs 公式(2)；当能估算出可靠的完好岩石模量或完好岩石强度时，用细化 Hoek & Diederichs 公式(3)。

参考文献

[1] Bieniawski Z T. Engineering classification of rock masses. Trans S African 1nst Civ Engrs 1973;15(12):335-44.

[2] Barton N, Lien R, Lunde J. Engineering classification of rockmasses for the design of tunnel support. Rock Mech 1974;6(4):189-236.

[3] Hoek E, Brown E T. Practical estimates of rock mass strength. Int J Rock Mech Min Sci 1997;34(8):1165-86.

[4] Serafim J L, Pereira J P. Consideration of the geomechanical classification of Bieniawski. Proc. Int. Symp. Eng Geol Underground Construction (Lison) 1983;1 (II):33-44.

[5] Bieniawski Z T. Determining rock mass deformability – experience from case histories. Int J Rock Mech Min Sci Geomech Abstr 1978;15.

[6] Stephens R E, Banks D C. Muduli for deformation studies of the foundation and abutments of the Portugues Dam – Puerto Rico. In: Rock mechanics as a guide for efficient utilization of natural resources: Proceedings of the 30th US symposium, Morgantown. Rotterdam: Balkema; 1989:31-8.

[7] Read S A L, Richards L R, Perrin N D. Applicability of the Hoek-Brown failure criterion to New Zealand greywacke rocks. In: Vouille G, Berest P, editors. Proceedings of the nineth international congress on rock mechanics, Paris, August, vol. 2;1999:655-60.

[8] Barton N. Some new Q value correlations to assist in site characterization and tunnel design. Int J Rock Mech Min Sci 2002;39:185-216.

[9] Mitri H S, Edrissi R, Henning J. Finite element modeling of cablebolted stopes in hard rock ground mine. Presented at the SME annual meeting, New Mexico, Albuquerque, 1994:94-116.

[10] Somenz H, Gokceoglu C, Ulusay R. Indirect determination of the modulus of deformation of rock masses based on the GSI system. Int J Rock Mech Min Sci 2004;1:849-57.

[11] Carvalho J. Estimation of rock mass modulus. Personal communication 2004.

[12] Nicholson G A, Bieniawski Z T. A nonlinear deformation modulus based on rock mass classification. Int J Min Geol Eng 1990;8:181-202.

[13] Hoek E, Carranza-Torres C T, Corkum B. Hoek-Brown failure criterion-2002 edition. In: Proceedings of the fifth North American rock mechanics symposium, Toronto, Canada, vol. 1, 2002:267-73.

[14] Diederichs M S, Kaiser P K. Stability of large excavation in laminated hard rockmasses: the Voussoir analogue revisited. Int J Rock Mech Min Sci1999;36:97-117.

[15] Palmstrom A, Singh R. The deformation modulus of rock masses:comparisons be-

tween in situ tests and indirect estimates. Tunneling Underground Space Technol 2001;16:115-31.

[16] Zhang L, Einstein H H. Using RQD to estimate the deformation modulus of rock masses. Int J Rock Mech Min Sci 2004;41:337-41.

[17] Kulhawy F H. Geomechanical model for rock foundation settlement. J Geotech Eng ASCE 1978;104:211-27.

[18] Ribacchi R. Rock mass deformability; in situ tests, their interpretation and typical results in Italy. In: Sakurai, editor. Proceedings of the second international symposium on field measurements in geomechanics. Balkema: Rotterdam; 1988.

[19] Rocha M, Da Silva J N. A new method for the determination of deformability of rock massed, In: Proceedings of the second congress on rock mechanics. Paper 2-21. Internationsl Society for Rock Mechanics, Belgrade, 1970.

[20] Oberti G, Coffi L, Rossi P P. Study of stratified rock masses by means of large scale tests with an hydraulic pressure chamber. In: Proceedings of the fifth ISRM congress, Melbourne, 1983: A133-41.

[21] Tanimoto C. Contribution to discussion in proceedings of the paris conference on analysis of tunnel stability by the convergence – confinement method (Published in Underground Space 4 (4)). Oxford: Pergamon Press; 1980.

[22] deere Du. Chapter1: geological considerations. In: Stagg KG, Zienkiewicz, editors. Rock mechanics in engineering practice. Lodon: Wiley; 1968:1-20.

[23] Maitin D M, Stimpson B. The effect of sample disturbance on laboratory properties of Lac Bonnet granite. Can Geotechn J 1994;31(5):692-702.

[24] Cheng Y, Liu S C. Power caverns of the Mingtan Pumped Storage Project, Taiwan. In: Hudson J A, editor. Comprehensive rock engineering, vol. 5; 1990: 111-32.

国际土力学和岩土工程协会(ISSMGE)有关现场试验地下性能描述的技术委员会报告16(1999年)

锥体贯入试验(CPT)和带孔隙压力的锥体贯入试验(CPTU)国际参考试验规程

现场试验的土性能描述:CPT/CPTU的国际参考试验规程

本报告包含了有关CPT/CPTU的国际参考试验规程(IRTP)。本报告由ISSMGE技术委员会16的一个工作组"现场试验的地下性能描述"编写。该工作组的以下人员参与了本文件的编纂:

挪威:挪威岩土研究院(NGI)的Tom Lunne;

英国:建筑研究机构(BRE)的John Powell;

荷兰:Fugro的Joek Peuchen;

挪威:挪威NTNU的Rolf Sandven;

荷兰:代尔夫特岩土工程的Martin van Staveren。

该工作组的一些其他成员也对本文提出了评价意见。

摘要 锥体贯入试验(CPT)包括通过一系列的推动杆用均衡的贯入速度把锥体贯入仪推入土中。在贯入期间,测定并记录锥阻力和套筒摩擦力。压力锥体贯入试验(CPTU)还包括测量锥体处或附近的孔隙压力。试验结果可用于地层解读、土壤分类和对工程土参数的评价。本报告提供了有关试验设备、现场程序和试验结果提交的所建议导则。另外还概述了用于所需精度、率定程序和维护步骤的建议。这些建议意味着要更换用于电气CPT/CPTU的1989年由国际土力学和基础工程协会(ISSMFE)提出的国际参考试验规程(IRTP)。这并不是一项标准,但的确属于一组良好的实践建议。这也就意味着已经构成了努力实现未来国家/国际标准化的依据。对于机械CPT而言,1989年版本依然有效。

1　前言

考虑了以下两类 CPT 试验：

(1)电气锥体贯入试验(CPT),包括测定锥阻力和套筒摩擦力。

(2)压力锥贯入试验(CPTU),这是一种进一步测定孔隙压力的锥体贯入试验。

注:本文还可用于不测定套筒摩擦力的 CPT/CPTU 试验。

CPT 应通过带有圆锥尖端或圆锥的圆筒形贯入仪,以均衡的贯入速度贯入地下。在贯入期间,测量锥体和摩擦套筒上的力。

CPTU 按照 CPT 的程序进行,但是还应在贯入仪表面的一处或几处位置补测孔隙压力。

注:通常,通过电子传输和数据记录来进行测量,测量频率应能确保获取土条件的详细信息。

原则上,锥体贯入结果可用于评价：

- 土层；
- 土类型；
- 土密度和现场应力条件；
- 土力学性能；

——抗剪强度参数；

——变形与固结特性。

注:锥体贯入试验结果还可直接用于设计中,例如桩基础、液化可能性(如 Lunne 等 1997 年论文)。

进行孔隙压力测试的锥体贯入试验(CPTU)比标准的 CPT 试验更能可靠地确定地层和土壤类型。另外,CPTU 还能提供用于解读土力学结果的更好依据。

该参考试验程序的目的是确定有关设备和试验方法的定义与要求,能引导用户采用同样的国际标准程序。

参考试验程序(规程)在很大程度上都是根据 ISSMFE 技术委员会提供的关于贯入试验的试验程序和指南(1989)制定的,但是进行了更新以包含孔隙压力测试的详情,即 CPTU。尽管它不是一项标准,但却属于一套良好实践的推荐意见。也就是说,为未来的国家化/国际化努力提供了基础。对于机械的 CPT,1989 年版本依然有效。

注:如果能证实所产生的结果与此处根据 IRTP 进行的试验的结果没有大的差异,那么就允许出现与本文要求不同的误差。

2 定义

2.1 锥体贯入试验(CPT)

在一系列圆筒形推动杆的端部用均衡贯入速度将锥体贯入仪推入地下。

2.2 锥体贯入仪

锥体贯入仪是个组装件,包含锥体、摩擦套筒、任何其他探头和测量系统以及推动杆的连接件。图 2-1 为一个锥体贯入仪实例的剖面。

锥体贯入仪包括测量针对锥体的力(锥阻力)、针对摩擦套筒的边缘摩擦力(套筒摩擦力)和必要时锥体贯入仪表面一处或几处孔隙压力的内部荷载探头。还包含一个内部测斜仪,用于测定贯入仪的斜率来满足表 5-1 中给出的 1 级、2 级和 3 级精度要求。

注:锥体贯入仪中还可包括其他的探头。

2.3 锥体

锥体的顶角为 60°,并形成锥体贯入仪底部。当把贯入仪推入地下时,锥阻力通过锥体传送到荷载探头。

注:本文中假定,锥体为刚性的,所以与锥体贯入仪其他部位相比,其加载后的变形很小。

2.4 摩擦套筒

摩擦套筒是测定套筒摩擦力的那个锥体贯入仪剖面。

2.5 过滤器件

过滤器件是插入锥体贯入仪内以便容许把孔隙压力传送到孔隙压力探头的一些带孔的器件,此时的锥体贯入仪保持其正确的几何尺寸不变。

2.6 测量系统

测量系统包括所有的探头和一些用于传送和/或储存在锥体贯入

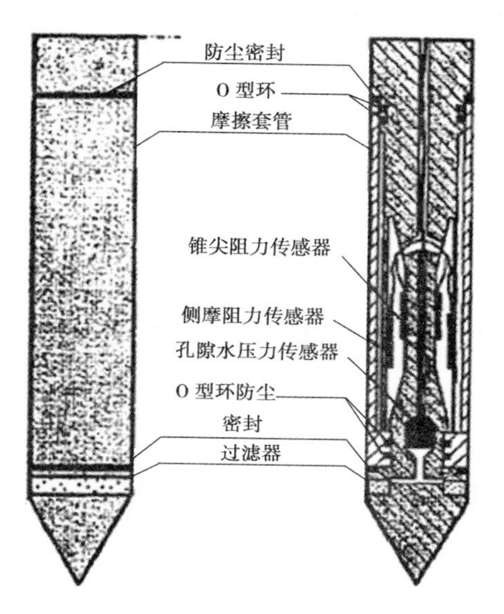

图 2-1　锥体贯入仪实例剖面

试验期间生成的所有电气信号的附属部件。测量系统通常包括用于测定力(锥阻力、摩擦力)、压力(孔隙压力)和深度的部件。

2.7　推动杆

推动杆是一串用于向锥体贯入仪传送压力和拉力的杆棒器件。

注:推动杆还可用于支撑和/或保护测量系统的部件。通过有声传输探测结果,推动杆还可用于数据传输。

2.8　推力机

推力机是以均衡贯入速度把锥体贯入仪和推动杆沿垂直轴线推入地下的设备。

注:推力机所需的作用力可由其自重和/或地锚来提供。

2.9　贯入深度和长度

贯入深度:锥体底座深度,相对于一个固定的水平面(见图 2-2)。

贯入长度:推动杆和锥体贯入仪的长度之和,由圆锥部分的高度来推断,相对于一个固定的水平面(见图 2-2)。

注:固定的水平面通常符合在试验位置穿过水下地表层的水平面。

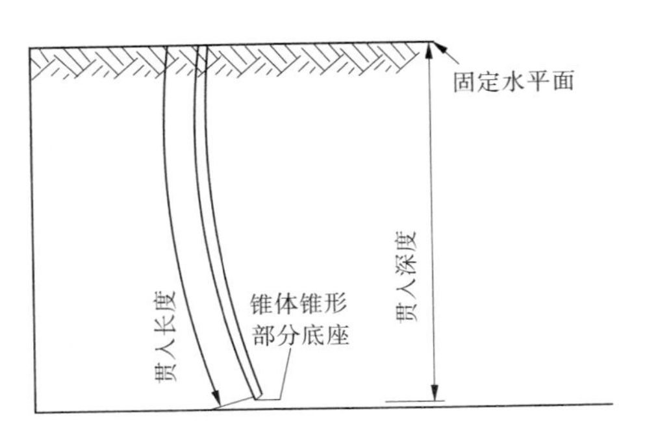

图 2-2　贯入的长度和贯入的深度

2.10　摩擦削减器

摩擦削减器包含推动杆直径的局部和对称性扩大,以使推动杆沿线的摩擦力得以削减。

2.11　锥阻力 q_c

实测的锥阻力 q_c,通过用锥体上的实测力 Q_c 除以横断面面积 A_c 来获得,如下所示:

$$q_c = Q_c / A_c$$

2.12　套筒摩擦力 f_s

实测的套筒摩擦力 f_s,通过作用在摩擦套筒上的实测力 F_s 除以套筒面积 A_s 来获得,如下所示:

$$f_s = F_s / A_s$$

2.13　孔隙压力 u

孔隙压力 u 为在贯入和消散试验期间实测的液体压力。孔隙压力可在多处位置进行测试,如图 2-3 中所示。

采用了以下符号:

u_1——锥面上实测的孔隙压力;

u_2——锥筒延伸部分实测的孔隙压力;

u_3——紧靠摩擦套筒以下实测的孔隙压力。

注:实测的孔隙压力根据土类型、现场孔隙压力和锥体贯入仪表面的过滤位置的不同而有所变化。孔隙压力包含两个部分,即原始的现

场孔隙压力和在把锥体贯入仪打入地下时所产生的附加或过度孔隙压力。

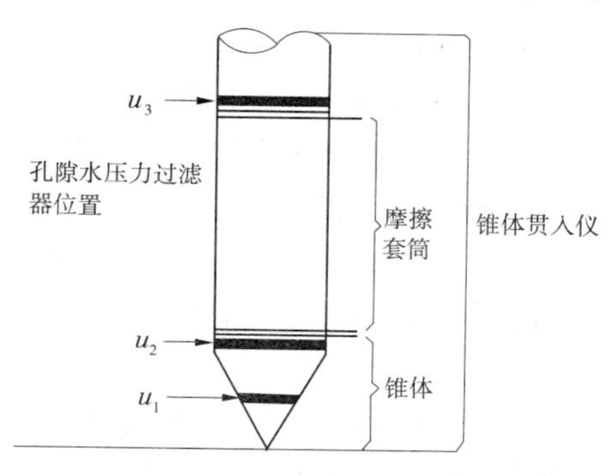

图 2-3　实测孔隙压力的位置

2.14　过度孔隙压力 Δu

过度孔隙压力 $\Delta u = u - u_0$，其中 u_0 为开始贯入前地下锥体高程处原有的现场孔隙压力。

注：Δu_1、Δu_2 和 Δu_3 应根据实测孔隙压力的位置采用，见图 2-3。

2.15　净面积比 σ

该比例为：在孔隙压力产生作用的间隙或凹槽位置处锥体以上的锥体贯入仪荷载单元或杆轴的横断面积与锥体底座的标称横断面积之比。

注：详情见本文第 5.10 节和图 5-1。

2.16　修正的锥阻力 q_t

修正的锥阻力 q_t 为考虑孔隙压力影响后修正的实测锥阻力 q_c，由下列公式给出：

$$q_t = q_c + (1 - a)u_2$$

注：有关这种修正的详情，见本文第 5.10 节。

2.17　摩擦比 R_f

作为在同一深度实测的套筒摩擦力与锥阻力之比的该比例，以百分比表示。

注：在某些情况下还采用摩擦比的反比，称为摩擦指数。可能时应

在 R_f 计算中使用修正的锥阻力 q_t。

2.18 孔隙压力比 B_q

孔隙压力比 B_q 确定如下：

$$B_q = \Delta u_2 (q_t - \sigma_{v0})$$

其中 σ_{v0} 为贯入开始前地下锥体高程原有的总垂直应力。

2.19 零位读数、参考读数和零位飘移

零位读数：当探头上的荷载为零，即未实测的参数值为零时的测量系统输出结果，此时运行测量系统所需的任何辅助供电都处于开启状态。

参考读数：就在贯入仪被推入土内之前的探头读数，例如在离岸（水中）情况下，在海底受水压作用的地方获取的读数。

零位飘移：在锥体贯入试验起始与终结间的测量系统的零位读数或参考读数的绝对差异值。

2.20 准确度、精密度与分辨率

准确度是测量值与实测工程量的真实数值间的接近程度。这是测量系统的整体准确度，对于某一个单一部件并不是都特别重要。

精密度是各组测量值相互间的接近程度。它与可重复性同义。而且可以表达为一种反映分散度的标准误差的数值。

注：在率定方面，如果例如某一种设施显示它可进行重复性而且是非线性率定，那么采用线性概率法进行率定就会直接导致准确度损失；然而这些结果依然可以重复而且是精确的。准确度损失与真实的和假定的率定线范围间的差异有关。使用任何不正确的率定都将会产生具有系统误差的可重复性（精确度）结果，并且也可能不准确。精确度或可重复性都不能保障准确性。

最期望的情况就是拥有既准确又精确的仪器。这就是在进行可能会影响最终推断的读数准确度的现场试验期间，在现场获取既准确又精确读数的前提条件，当时就能在现场记录所有诸如温度和磨损等信息是很重要的。

测量系统的分辨率是可以探测到的数量值最小变化范围，它将会影响测量的准确度和精确度。

2.21 消散试验

在消散试验中,孔隙压力变化是通过记录推进时间间隔且此时的锥体贯入仪依然保持固定不动的随时间变化孔隙压力值来获取的。

3 方式方法

应确定下列的参考条件:

(1)根据表 5-1 确定锥体贯入试验的类型;

注:应确定过滤器件的位置 u_1、u_2 或 u_3。

(2)根据表 5-2 确定准确度级别。

(3)所需的贯入长度或贯入深度。

注:所需的贯入长度或贯入深度依照土壤条件、容许贯入力、推动杆和杆连接件上的容许力及摩擦削减器的应用和/或推动杆外套与锥体贯入仪测量范围确定。

(4)参照一定基准的锥体贯入试验位置处地表或水下基底高程。

(5)相对于固定位置基准点的锥体贯入试验位置。

(6)必要时锥体贯入试验所导致的土内孔洞回填方法。

(7)必要时孔隙压力消散试验的深度和持续时间。

注:消散试验所需的深度和最少持续时间依照土壤条件与测量目的确定。最长持续时间也是避免那种不适当长间隔的常用参照条件。

注:如果需要评价土壤排水和/或固结特性,就可在沉积层内的预先选定深度实行消散试验。在消散试验中,通过记录孔隙压力随时间变化值来获得孔隙压力衰减值。在颗粒状低渗透性土中,孔隙压力记录用于评价固结系数 c。在排水良好的土层中,消散试验还可另外用于评价现场孔隙压力。

土层锥阻力、CPT 长度和必要时的套筒摩擦和/或土孔隙压力与相对于垂直轴的锥体贯入仪倾斜率等的确定都应根据本文第 5 节确定,并考虑依照表 5-2 的准确度级别和锥体贯入仪所需深度与相对于垂直轴的最大容许倾斜率诸因素。

进行这项工作所需的仪器设备应满足本文第 4 节的要求。

4　设备

4.1　锥体贯入仪的几何尺寸

锥体贯入仪所有部件的轴线都应保持协调一致。

注：锥体贯入仪设计的目标应产生一个高的净面积比，而且摩擦套筒顶端的端部面积也应最好等于或略高于底端的横断面面积。

4.2　锥体

锥体包括一个圆锥部分和一个圆筒延伸部分。锥体的标称顶角为60°。锥体的横断面面积通常应为1 000 mm^2，相当于35.7 mm的直径。

注：直径在25 mm（A_c =500 mm^2）到50 mm（A_c =2 000 mm^2）之间的圆锥体，可以不采用修正系数就可用于特定目的。建议的几何尺寸和容差都应按比例调节到与其直径相适应的参数。

圆筒部分的直径应处于容差要求范围内，如图4-1所示。

$35.3\ mm \leqslant d_c \leqslant 36.0\ mm$

圆筒状延伸的长度应处于容差要求范围内。

$7.0\ mm \leqslant h_c \leqslant 10.0\ mm$

锥体的高度应处于以下的容差要求范围内。

$24.0\ mm \leqslant h_c \leqslant 31.2\ mm$

注：如果包含了 u_2 型定位过滤器，那么过滤器元器件的直径就可大于以上给出的钢件尺寸。同时参见本文第4.3和4.4节。

锥面应该平滑。

注：表面糙率 R_s 应典型小于5 μm。它被确定为探测器实际表面与沿探测器表面布置的中间参照面间的平均偏差值。同时参见本文第4.3节的注释。

如果产生了不对称磨损，即便能满足容差要求，也不可应用该锥体。

4.3　摩擦套筒

摩擦套筒应置于锥头正上方，由于二者之间有缝隙和密封层，所以最大间距5.0 mm。

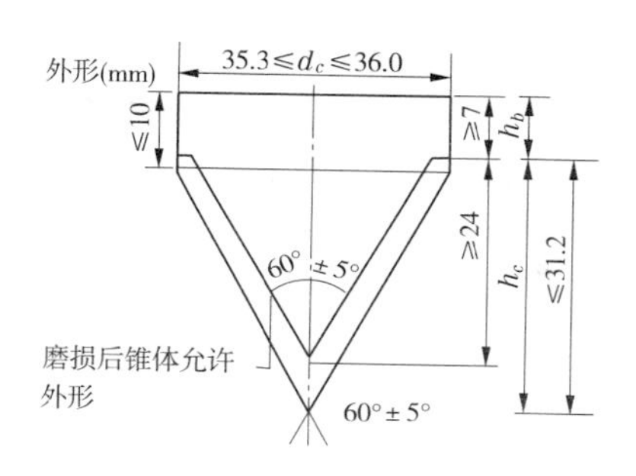

图 4-1　使用触探器的公差要求

摩擦套筒公称表面面积 15 000 mm^2。公差要求见图 4-2。

注:当摩擦套筒用于特殊用途时,外径可以介于 25 ~ 50 mm,不同直径的套筒对应不同的锥头,不考虑修正系数。套筒形状和公差应按锥底直径成比例调整,套筒长度与锥底直径之比最好为 3. 75,介于 3. 5 ~ 4 也可以。

注:锥头磨损影响套筒摩擦力的测量。为准确测量套筒摩擦力的精度,应考虑锥头磨损。

套筒直径应与锥头最大直径相等,要求公差 0 ~ +0. 35 mm。

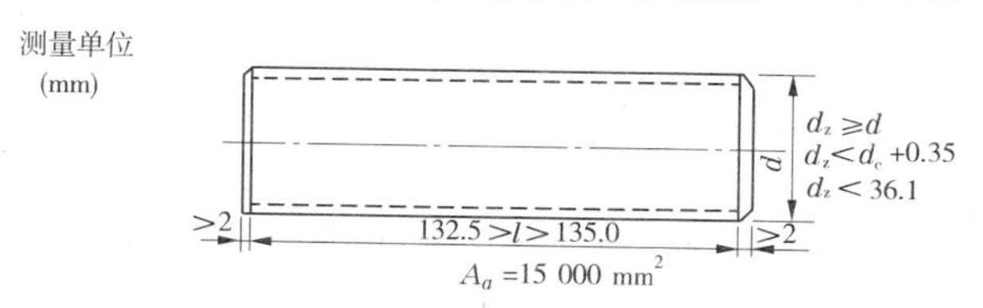

图 4-2　摩擦套筒形状和公差

套筒表面纵向粗糙度为 0. 4 μm ± 0. 25 μm。

注:根据 ISO 8503(1988)或同等规范,套筒表面粗糙度指由表面轮廓比较器确定的平均粗糙度 R_α。平均粗糙度是"断面至中心线之间绝对距离的平均值",适用于规定的试验长度(典型长度介于 2 ~ 4 mm,依应用标准而定)。要求表面粗糙度的目的是防止使用"光度异常"和"粗糙度异常"的摩擦套筒。在土尤其是沙土中,钢(包括硬化钢)易受磨损,因此套筒应有自己的粗糙度。为此,在加工步骤中,粗

糙度非常重要。一般认为,触探器生产所需的普通类型钢和在通常地面条件(砂和黏土)下,套筒表面粗糙度都能够满足要求。实际操作中,还要限制计量确认体系要求的作用力。土工技术中,可以使用参数 R_s,但 R_y 可能更合适。表面粗糙度 R_y 为一个分界长度内最高点和最低槽之间的距离,取值为一个试验长度内各分界长度的最大值。为了确定套筒形状对套筒摩擦精度影响的适当参数,还有必要进行进一步的调查。

4.4　过滤器元件

建议过滤器置于锥头筒形延伸部分中或正后方,其他位置也可以接受,参见图 2-2。

注:除了推荐的位置,过滤器很多位置能提供土壤情况的有价值信息。

孔压:

过滤器元件应置于锥头的圆筒延伸部分或后面,过滤器直径应与锥头和摩擦套筒直径一致,允许公差 0 ~ +0.2 mm。过滤器直径可以大于锥头和套筒直径,但不能小于锥头直径。

注:以下关系适用于

$$d_{摩擦套筒} \geqslant d_{过滤器} \geqslant d_{锥头}$$

注:这个过滤器位置与分类和解释一致。

注:为了修正锥头对孔压效应的阻力,过滤器元件最好置于锥头与摩擦套筒之间。锥头圆筒部分所在位置推荐用于获得和维持孔压系统的饱和状态。

孔压 μ_1:

过滤器直径应与锥头直径一致,允许公差 0 ~ −0.2 mm,形状应适合锥头的形状,即过滤器直径应等于但不能大于过滤器所在锥形部分的直径。

注:建议把过滤器元件放于中间第 3 个锥形部分内。

孔压 μ_3:

过滤器直径应与摩擦套筒直径一致,允许公差 0 ~ −0.2 mm,过滤器直径可以等于但不能大于摩擦套筒的直径。

注:建议把过滤器元件放在位于摩擦套筒与触探器轴之间槽的正上方。

过滤器在试验开始时应呈饱和状态。

注:即使触探器在上部不饱和层贯入,过滤器保持饱和也很重要。

注:多孔过滤器孔径应为 2 ~ 20 μm,相应的渗透率 $10^{-4} \sim 10^{-5}$ m/s。应避免使用堵塞细颗粒的过滤材料。

注:以下类型的材料曾在软质固结黏土中成功使用过:这类材料有烧结不锈钢或铜、碳化硅、陶器、多孔 PVC 与 HDPE。

触探器设计应能便于置换过滤器,使液腔容易饱和(见 5.3 节)。

注:饱和液体选择、孔压测量系统饱和和槽过滤器的使用见 5.4 节。

4.5 孔隙与防土密封圈

触探器不同部位之间的孔隙不能超过 5 mm。孔隙应封闭保护,防止进土。

注:相对于测压元件和触探器中的其他元件,防土密封圈应容易变形,以使一些重要的力不会通过孔隙传递。

4.6 触探杆

1 m 长的触探杆末端偏离直线的距离应在允许的范围内。触探杆平直度检查应遵循以下标准:

——5 个底杆中的每个杆偏离中心线至多 1 mm。

——5 个底杆中的两个连接杆偏离最大 4 mm。

其他杆偏离最大 2 mm,两个连接杆偏离最大 8 mm。

注:上述要求对 1 m 长的触探杆有效。如果使用其他长度的杆,要求应相应调整。

注:可用垂直握紧触探杆然后旋转的方式检查杆的平直度,如果杆摇晃,那么平直度就不可接受。

注:可用局部增加触探杆直径的方法减小沿触探杆的摩擦。还可用润滑触探杆的方式减小摩擦,如在试验期间注入泥。

注:地面高程以上,触探杆应用滑轮导向、套筒或类似的东西导向,以降低弯曲的风险。触探杆还可用于水中或软地层中的套筒导向,避免弯曲。

注:触探杆选择应考虑要求的贯入力和选用的数据信号传输系统。

4.7 测量系统

测量系统分辨率应超过精度的1/3,精度等级要求见表5-2。

注:一直到地面高程,电缆都可用于从传感器向记录仪传输信号,或通过触探杆传播声音或向触探器中的存储装置输电。

(1)锥头阻力与套筒摩擦传感器。

荷载传感器可抵偿可能的轴向力偏离。记录侧壁摩擦力的传感器应能测量沿套筒的摩擦力,而不是土的反力。

注:通常用测应变的元件记录锥头阻力和套筒摩擦力。

(2)孔压传感器。

装载期间,传感器会显示轻微变形,触探器表面上,传感器通过液体腔与多孔过滤器相连。

注:孔压传感器通常为薄膜型压力传感器。

注:贯入期间,本系统会测量周围土壤中的孔压。

(3)倾斜度传感器。

测斜仪与垂直轴至少成20°角。

(4)贯入长度测量系统。

测量系统包括记录贯入长度的一个深度传感器。

注:如果作用在触探杆上的力减小,使触探杆相对于深度传感器向上运动,则长度测量系统还需要一个步骤,对测量进行修正。

4.8 推力机

推力机应能以(20 ± 5) mm/s 的标准速度贯入触探器,其装载或锚固应能在贯入期间限制相对于地面高程的运动。

注:测量期间不能用锤击或转动触探杆。

注:推力装置行程至少1 000 mm。特殊情况下,其他行程的长度也可以接受。

5 步骤

5.1 触探器选择

触探器选择应满足根据表5-1进行的触探试验要求。

表 5-1　触探试验类型

触探试验类型	测量参数
A	锥头阻力
B	锥头阻力和套筒摩擦力
C	锥头阻力和孔压
D	锥头阻力、套筒摩擦力和孔压

注:在不止 1 个地方测量孔压,进行触探试验时,类型 C 和 D 有所不同。

5.2　根据要求的精度等级选择设备和程序

应根据表 5-2 给出的精度等级选择所用设备和程序。

表 5-2　精度等级

试验等级	测量参数	允许最小精度*	两次测量之间的最大长度
1	锥头阻力 套筒摩擦力 孔隙水压力 锥角 贯入深度	50 kPa 或 30% 10 kPa 或 10% 5 kPa 或 2% 2° 0.1 m 或 1%	20 mm
2	锥头阻力 套筒摩擦力 孔隙水压力 锥角 贯入深度	200 kPa 或 3% 25 kPa 或 15% 25 kPa 或 3% 2° 0.2 m 或 2%	20 mm
3	锥头阻力 套筒摩擦力 孔隙水压力 锥角 贯入深度	400 kPa 或 5% 50 kPa 或 15% 50 kPa 或 5% 5° 0.2 m 或 2%	50 mm
4	锥头阻力 套筒摩擦力 贯入深度	500 kPa 或 5% 50 kPa 或 20% 0.1 m 或 1%	100 mm

如果加上误差,记录的精度应高于表 5-2 给出的值。

注:误差包括内部摩擦、数据采集误差、偏心荷载和温度影响。

表 5-2 中 * 见 2.20 节中的定义。

注:测量参数最小精度为两个值中的较大者。相对精度或精度百分比适用于计量而不适用于测量范围或容量。

注:从贯入长度和测量倾斜度开始的贯入深度计算见附录 2。

注:等级 1 适用于测量结果应用于松软土断面中参数解读,还用于精确评估层理和土壤类型。等级 3 和 4 适用于只把测量结果应用于硬质密实土层理和参数评估。等级 2 更适合于硬质黏土和砂。

注:在极端气温下,探头应保存好,以使其温度保持在 0 ~ 25 ℃。触探期间,探头温度应为零,尽可能接近地面温度,数据采集系统中的所用传感器和其他电气构件温度应稳定。

注:目前认为,对于等级 1 试验(见表 5-2)来说,探头传感器的温度敏感性应大于:

2.0 kPa/℃ 锥头阻力

0.1 kPa/℃ 套筒摩擦力

0.05 ~ 0.1 kPa/℃ 孔压(测量范围 1 ~ 2 MPa)

这些稳定要求对载重量为 5 t 的探头有效。考虑到对测量值精度的影响,不同载重量的探头,稳定要求可以呈比例变化。

注:所有等级的温度敏感性都应是 CPT 不可分割的部分,精度等级见表 5-2。

触探试验使用的计量确认体系应符合 ISO 10012 - 1, 1992(E)。

5.3 推力机位置与高程

推力机与前一个触探试验距离至少 1 m,或是前一个钻孔直径至少 20 倍的距离。

注:距离较短可能会影响测量。

推力机会推动触探杆,使推力轴线尽可能地接近垂直。与立轴的偏离应小于 2°。贯入开始时,触探器的轴应与装载轴相对应。

5.4 触探器准备

应确定和记录锥底的实际横断面与摩擦套筒的汽缸外表面,并达到表5-2要求的精度。

对于测量孔压的触探器,过滤元件和孔压系统的其他部件在现场使用之前应用液体使之饱和。

注:在饱和土中进行试验时,通常应使用经排气的蒸馏水。在非饱和土、干硬表面和膨胀性土壤(如密实砂)中进行触探试验时,过滤器应用甘油或类似物质饱和,这样便于在整个试验期间保持饱和状态。如果使用排气水,过滤器至少应煮沸15 min。过滤器储存进密封容器之前,应在水中冷却。然后准备较大容量的排气水,这些水在过滤器安装前非常有用。煮沸过滤器对有些类型的过滤器并不可行(如HDPE)。如果使用干油(或硅油),干滤器应直接放入液体中,真空处理约24 h。较大容量的液体应用类似的方式处理,并置于密封装置中。转换器室饱和所用液体与过滤器中所用液体相同,方式是把液体直接注入转换器室,或在真空室中处理拆卸下的探头。真空使用应一直到没有气泡从探头中冒出(15~30 min)时为止。过滤器和密封最后安装时应使触探器沉入饱和液体中。安装完毕,应检查过滤器的过滤情况。过滤器安装应足够高,不能出现不稳定,但应能用指尖转动过滤器,这样会防止过滤器周围接缝有过度应力,同样能减小对测量的影响。过滤器安装完毕,应用橡胶膜把过滤器构件盖住,橡胶膜会在触探器与土壤接触时破裂。也可以用其他方案。如果怀疑发生堵塞,每次试验时都须安一个新的过滤器。

注:橡胶膜饱和与安装期间,触探器应承受较小的应力,这样传感器就能显示不同于零的值。

注:槽过滤器

在本系统中,孔压用一个开放式系统测量,锥形部分后面有一个0.3 mm的槽(如Larsson, 1995)。这样土壤与压力腔之间的多孔过滤器就有些多余,槽通过几条通道与压力室相通。压力室用脱气水、防冻液或其他液体饱和,通道用干油、硅脂或类似的东西饱和。干油和硅脂较适合现场使用。如果使用硅脂,可用管子把硅脂直接注入通道。这样有可能会造成孔隙应力系统不够饱和,因为气泡会陷入油脂中。使用干油可避免这种情况,但干油多是在准备使用这种饱和介质时需要。

用槽过滤器会减少探头准备时间。此外，孔隙应力系统在经过土中不饱和区时还能较好地保持这种饱和状态。饱和系统中的应力变化用压力传感器记录，压力传感器类似于传统的多孔过滤器压电锥。关于其他触探器，也都要求充分饱和，以在贯入期间获得孔压反应。

注：预钻孔

在贯入粗粒物质时，如果到致密、粗糙或石头很多的土层时贯入停止，那么部分断面可以预钻孔。预钻孔可用于粗糙顶层，有时与套管一起使用，以避免钻孔坍塌。在松软土壤中，预钻孔应通过坚硬表面向地下水位层进行。如果用饱和水系统测量孔压，预钻孔应填满水。如果地下水位较深，孔压系统应用干油饱和。一些情况下，预钻孔可通把直径为 45 ~ 50 mm 杆打入致密层的方式进行，这样就得到一个明孔，减小贯入阻力。

注：稳定温度

试验开始之前，所有传感器读数应为零，触探器无荷载，地面温度稳定。

触探器放到地下后，如果气温与地面温度不同，就会产生小的温度梯度，这会影响传感器。因此，触探器达到平衡非常重要，这样贯入开始之前温度梯度就可降为零。通常，最大梯度在贯入 2 ~ 3 min 之后发生。触探器通常在 10 ~ 15 min 之后达到温度稳定。

精度要求见表 5-2，校准过程见附件 1。

锥头阻力的零刻度、贯入长度、套筒摩擦力、孔压和触探器相对立轴的倾斜度都应进行记录。

注：如果可能，当触探器在地面温度或接近地面温度时，应采用零刻度。

注：地下水触探试验的参考读数为水线以下的地表上方的读数。

5.5 触探器推动

触探试验进行中，探头应以(20 ± 5) mm/s 的速度向下贯入。这个速度是通过记录时间检验的。

注：在新的行程或安装新的触探杆时，即使贯入定期停止，也认为是连续的。一些推力机能够真正连续贯入，中间不停顿，这是个优点，

尤其在砂和黏土层中。

注:如果有较大停顿就认为贯入不连续,如损耗试验(见2.20节)或出现不可预见的设备故障。

5.6 使用减摩器

允许使用减摩器(见第2节定义)。使用减摩器时,触探器和触探杆直径相同,至少40 mm。

5.7 记录参数频率

参数最小记录频率应符合表5-2要求。记录应包括表5-2中精度等级1和2规定的时间。

注:考虑到断面要求的具体情况(即探测薄层),可以选择各种不同测量值的记录间隔。通常使用同样的读数间隔,以便于记录锥头阻力、套筒摩擦力和孔压。

注:可以使用超过20 mm间隔的平均测量值,即便这些值测量的频率较高也可以。最大记录间隔应符合表5-2要求。

5.8 贯入深度记录

相对于地面高程或其他固定参考系统(不是推力机),锥底高程应根据表5-2确定。深度传感器的分辨率至少为0.01 m。

根据表5-2等级1的精度,至少应每5 m测量和记录一次贯入长度。不使用深度传感器。

根据第3节,当达到要求的贯入长度或深度,或触探器相对立轴的倾斜度达到20°时,触探器和触探杆的贯入应停止,测量并记录贯入长度。不使用深度传感器。

注:倾斜度较大的锥形贯入计测量参数可能与垂直贯入计测量值偏差较大。附录2中给出一些指导原则,根据指导原则可以根据测量得的贯入长度和倾斜计算贯入深度。

注:在静力触探试验中需要记录此标准的详细资料和偏差,这些详细资料和偏差可能会影响测量结果,以及对应的贯入长度。

5.9 消散试验

应该根据时间测量孔隙压力和锥体阻力。在消散试验开始时需要不断读数,这一点是非常重要的。

注：消散试验开始 1 min 的记录频率至少为 2 Hz，第 1 min 到第 10 min 之间的记录频率至少为 1 Hz，第 10 min 到第 100 min 之间的频率为 0.5 Hz，再后来时间段的频率为 0.2 Hz。

注：消散试验的时间长度正常应该至少与 50% 孔隙压力消散需要的时间（$t_{50} \geqslant u_t = u_0 + 0.5\Delta u_i$）对应，因为 t_{50} 是大多数分析方法中采用的时间。

注：中断贯入的程序应该以消散试验期间恒定锥体阻力为目标。在实际操作中无法避免锥体阻力的变化，这些变化取决于设备类型和土壤情况等因素。

5.10 试验结束

从土壤中取出锥形贯入计后（如果有必要的话，清洗锥形贯入计后）要测量并记录测量的参数的零位读数。根据表 5-2 中准确度分类，测量的参数的零位偏差应该在允许的最小准确度之内。

要检查锥形贯入计，要记录任何过度磨损和损坏。

5.11 测量值修正

应该修正由于贯入中断而获得的不具有代表性的记录值。如果能适合满足表 5-2 中准确度等级的要求，要进行测量参数零位偏移的修正。

当探棒受到全向水压力时，这会影响锥体阻力和套筒摩擦力。这种影响是由圆锥和摩擦力套筒之间凹槽中的水压力，以及摩擦力套筒上凹槽中的水压力产生。表 5-1 中的 C 型和 D 型圆锥贯入计，而且过滤单元在圆锥的圆柱形伸展部分（u_2）之中或之后，这种情况下要考虑水压的影响，使用斜面的修正公式（Campanella 及其他人，1982）：

锥体阻力

$$q_t = q_c + u_2 - (1 - a)$$

式中 q_1——修正后的锥体阻力；

q_c——锥体阻力；

u_2——圆锥伸展圆柱体部分中的孔隙水压力（假设等于圆锥体和套筒之间空隙中的孔隙压力）；

a——净面积比率，$a = A_u/A_c$（见图 5-1）；

A_c——圆锥投影面积；

A_n——轴上荷载单元的面积。

注:如果测量得 u_2,推荐只完成此修正。在一些土壤类型中可以获得确定过滤元素位置 q_1,而不是 u_2 位置的近似计算步骤。

注:对于通常使用的圆锥贯入计,净末端面积比率 a 在 0.3 和 0.9 之间变化。不能仅仅根据几何因素确定面积比率,而是要根据压力舱中试验或者相似试验确定面积比率。

注:测量得的套筒摩擦力受到相似因素的影响,因为在摩擦力套筒以上测量孔隙压力是不常见的,通常使用没有经过修正的套筒摩擦力 f_s。下面给出了记录的套筒摩擦力的可能修正方法,见图 5-1。

套筒摩擦力:

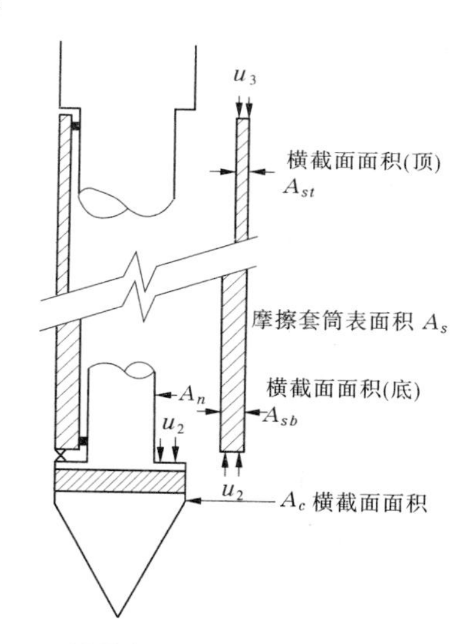

图 5-1 修正不等末端面积对锥头阻力和套筒摩擦力的影响

$$f_t = f_s - \frac{(u_2 A_{sb} - u_3 A_{st})}{A_s}$$

式中 f_t——修正后套筒摩擦力;

f_s——套筒摩擦力;

A_s——摩擦力套筒面积;

A_{sb}——摩擦力套筒底部横断面面积；

A_{st}——摩擦力套筒顶部横断面面积；

u_2——摩擦力套筒和圆锥体之间测量的孔隙压力；

u_3——摩擦力套筒以上测量的孔隙压力。

只有在 u_2 和 u_3 都测量的情况下才进行此修改。

注：贯入过程中，细颗粒土壤中的超额孔隙压力显著，所以这些修改是最重要的。建议在分析和分类中使用修改后的试验结果。

还要根据附录 2 中的程序完成倾斜度校准，即从贯入长度获得贯入深度的计算，以满足准确度分类 1、2 和 3 的要求（见表 5-2）。

注：还需要其他修改，满足试验分类的要求，即温度影响、圆锥横断面面积、推杆压力、触探主机的反弹等。

6　试验结果报告

6.1　试验结果的总体报告和陈述

静力触探试验应该报告下列资料（每份试验计划中都要包括精选出的标有“ * ”的资料）：

——圆锥贯入计类型、几何形状和尺寸、过滤器位置、净末端面积比率。

注：在任何需要的时候都要使用圆锥和摩擦套筒的实际尺寸。

——使用的触探主机的类型、推力能力、相关的抬升和固定系统。

——土壤中固定装置的使用（数量和类型）[如果有使用的话]。

——试验日期 * 。

——试验鉴定 * 。

——静力触探试验的坐标和高程 * 。

——参考高程。

——地下水位面深度（如果有记录）。

——现场孔隙压力测量（如果有记录）。

——预钻深度。

注：如果可能，还要报告遇到的材料类型。

——如果开挖槽沟，记录开挖槽沟深度。

注:如果可能,还要报告遇到的材料类型。

——开始贯入深度。

——孔隙压力系统中使用的饱和液体(如果是压力圆锥)。

——贯入发生任何停止时的深度和可能原因(例如消散试验)。

——圆锥阻力零位读数和,如果可能的话,试验前后的套筒摩擦力及孔隙压力和零位偏移。

——所采用的贯入停止标准,即目标深度、最大贯入力等。

——资料处理过程中的使用的修正(例如零位偏移)。

——参考此 IRTP 或者其他标准。

——试验类型(见表 5-1)和准确度分类(见表 5-2)。

——如果可能的话,最大贯入深度间隔 1 m 时圆锥贯入计和纵轴之间的倾斜度。

注:在试验结果表示中应该很容易获取资料,例如使用表格或者标准档案图表。

注:除上面内容外,最好给出下列资料:

——贯入计生产商。

——试验中观察,例如石块存在情况、推力杆的噪声、关联、波纹杆、零/参考读数位置的不正常磨损或变化。

——贯入计数量和传感器测量范围。

——敏感元件最后一次校准日期。

6.2 轴比例选择

在用图表表示试验结果中,要使用下列轴比例:

——贯入深度: 1 cm = 1 m

——锥头阻力 q_e,q_n: 1 cm = 2 MPa

——套筒摩擦力 f_s, f_t: 1 cm = 0.05 MPa = 50 kPa

——孔隙压力 u: 1 cm = 0.2 MPa = 200 kPa

——摩擦力比率 R_f: 1 cm = 2.0%

——孔隙压力比率 B_q: 1 cm = 0.5

注:如果在其他的试验计划中使用了推荐的比例尺,在结果表示中也可以使用一套不同的比例尺。比如推荐的比例尺可以用于总体表

示,而一些被选择出的部分要使用不同的比例尺陈列出,为详细研究服务。在黏土中,以及在试验结果用于分析土壤参数(精确度等级 1 和 2,见表 5-2)的情况中,在表示试验结果中特别要使用放大的比例尺。

消散试验结果的轴比例尺(锥头阻力 q_c、孔隙压力 u 和时间 t)应该与测量值相适应。

注:普通表示格式是 q_c 使用线形比例尺,t 使用对数比例尺。

6.3 试验结果表示

试验结果应该表示为下列内容的连续分布图:

——锥头阻力—深度 q_c(MPa)—z(m)

——套筒摩擦力—深度 f_s(MPa)—z(m)

——贯入孔隙压力—深度 u_2(MPa)—z(m)

——其他孔隙压力—深度 u(MPa)—z(m)

(要给出孔隙压力测量的位置)

当测量的倾斜度需要时,这里的深度要根据表 5-2 修正。

如果有要求,根据试验等级 1 和 2 完成的静力触探试验的结果要包括6.1 的列表资料。根据表5-2,每段贯入长度间隔的列表资料应该包括时间 t(单位 s)、贯入深度 z(单位 0.01 m)、锥头阻力 q_c(单位 0.01 MPa)、套筒摩擦力 f_s(单位 0.1 kPa)、摩擦力比率 R_f(0.1%)、修正锥头阻力 q_t(0.01 MPa)、圆锥贯入计倾斜度(单位°)。

如果另外还表示了锥头阻力(q_t)和套筒摩擦力(f_s)的相关修正值,最好在资料进一步处理中使用。粗颗粒材料的试验例外,因为其中末端面积修正的影响可以忽略。

注:可以根据地下水位估计原位孔隙压力,或者最好根据当地孔隙压力测量估计。还可以根据可渗透层消散试验的试验结果估计孔隙压力。可以根据现场或实验室未受扰动的样品的密度测量确定总体覆盖层应力剖面图。如果缺少足够的资料,可以使用以静力触探试验结果和当地经验为基础的分类图标获得密度的估计值。

注:可以根据下列简单的关系式完成测量资料的进一步处理:

——超额孔隙压力 $\Delta u = u - u_0$

——净锥头阻力 $q_n = q_t - \sigma_{v0}$

——摩擦力比率 $R_r = (f_s/q_c) \times 100\%$

——孔隙压力比率 $B_q = (u_2 - u_0)/(q_t - \int_{vd}) = \Delta u_2/q_n$

——正常化超额孔隙压力 $U = (u_t - u_0)/(u_i - u_0)$

其中 u_t 为消散试验中时间 t 时的孔隙压力，u_i 为消散试验开始时的孔隙压力。

注：此外还可以为实际应力分析计算下列参数：

——锥头阻力数量 $N_m = q_0(\int'_{v0} + a)$（$a$ 为引力）

注：在处理试验结果中需要下列参数资料：

——原位、初期孔隙压力—深度 u_0（MPa）—z（m）

——总覆盖层应力—深度 $\int_{v0}$（MPa）—z（m）

——有效覆盖层应力—深度

注：地层确定和土壤类型分析都用到这些参数，或附加衍生和正常化值，并且可以作为工程参数分析的基本输入值。

附录1 维修、检查和校准

1 维修和检查（内容提要）

1.1 总则

此附录包括关于维修、检查和校准的内容提要性质的指导。指导内容代表比较好的操作方法。

1.2 推杆线性

试验前要检查推杆的线性情况。在平面滚动推杆可以得到线性的总体压痕。如果出现任何弯曲，需要根据4.6节段中的步骤检查线性。

1.3 圆锥损耗

应该定期检查圆锥和摩擦套筒的损耗，保证几何形状满足裕度要求。还可以使用与崭新的或未使用过的探棒相似标准几何模式控制损耗。

1.4 缺口和密封

应该定期检查探棒不同部分之间的密封和缺口。特别是在侵入土壤颗粒时要检查密封，并清洁密封。

1.5 孔隙压力测量系统

如果完成孔隙压力测量，过滤应该有足够渗透性，以得到令人满意的反应。在试验之间要保持过滤饱和。在贯入试验开始前孔隙压力系统要求完全饱和，并且维持饱和一直到圆锥贯入计达到地下水位面或者达到饱和土壤。

1.6 维修步骤

设备维修和校准完成后，可以根据生产商各设备使用手册采用表 A1.1 中的方案检查。

2 校准

2.1 总体步骤

考虑下列方面对未使用的圆锥贯入计进行精确的校准。

(1)净末端面积比率，修正测量得的锥头阻力和套筒摩擦力；

(2)内摩擦力影响——对各部分运动的抑制；

(3)可能干扰影响(电力串扰等)；

(4)瞬时温度影响。

表 A1.1 推荐维修步骤的控制方案

检查步骤	工程开始	试验开始	试验结束	每 3 个月
触探主机垂直度		X		
贯入速度		X		
安全运行	X			X
推杆	X	X		
损耗	X	X	X	
缺口和密封	X	X	X	
过滤	X	X	X	
零位偏移		X	X	
校准	X			X *
功能控制	X			X

注： * 为长期试验中定期检查。

每个圆锥贯入计的校准和检查各不相同，由于贯入计功能和几何形状的微小变化，在贯入计寿命期间校准和检查也会有所不同。在这种情况下必须再次对探棒校准。应该根据下列准则定期校准资料获取系统：

连续使用的圆锥贯入计至少 3 个月一次，或者在简单测深情况下，大约 100 次测深（大约 3 000 m）后校准。

在困难情况下（此时探棒荷载接近其最大能力时）测深后进行新一次校准。

应该使用与野外试验中相同的资料获取系统，包括电缆，完成校准工作，这样能检查系统内部可能的错误。在野外工作期间，要定期完成设备功能控制。每到一处位置/或者每天必须至少完成一次这些工作。而且如果操作人员怀疑荷载传感器过载（失去校准），要再次进行功能控制，或者也可能完成再次校准。

总体来说，要遵循 ISO 10012－1:1992（E）计量学确认中的要求。

2.2　锥头阻力和套筒摩擦力校准

沿圆锥和摩擦力套筒轴向方向加荷载、卸荷载，完成锥头阻力和套筒摩擦力校准。在单独加载摩擦套筒时，圆锥被替换为特制匹配的校准单元。此单元的设计能将轴力传递到摩擦套筒的下末端面积。锥头阻力和套筒摩擦力的校准分别独立完成，但是要检查其他传感器，保证不受施加荷载的影响。在若干测量范围内进行校准，重点放在与未来试验相关的测量范围。在校准新探棒时，在校准前传感器要经过 15 ~ 20 次到最大荷载的重复荷载循环。通常不要求减法锥形贯入计符合圆锥和摩擦套筒各自的校准步骤的要求。

应该检查非轴向荷载对锥形贯入计的影响，以及对测量得的参数的影响。

2.3　孔隙压力和净末端面积率校准

应该在压力舱中完成孔隙压力测量系统的校准工作。因为孔隙压力对锥头阻力和套筒摩擦力有影响，末端面积率 a 和 b 的校准应该在特别设计的压力舱中进行（例如图 A1）。压力舱建造为能使贯入计的下方部分位于压力舱中，并在摩擦力套筒上方密封。封闭在探棒中的部分承受增加的藏压力，并记录锥头阻力、套筒摩擦力和孔隙压力的传感器的读数。这样就可以得到孔隙压力传感器的校准曲线，并可以根据锥头阻力和套筒摩擦力（见 5.10 部分）的反应曲线确定面积比率。压力舱还很适合检查孔隙压力传感器对周期压力变化做出的反应。

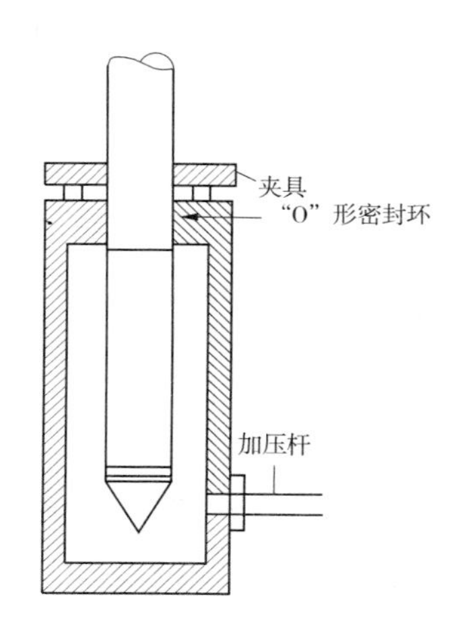

图 A1　确定末端面积比率 a 和 b 的压力舱（Lunne 及其他，1997）

2.4　温度影响的校准

需要在不同的温度水平下校准锥形贯入计，考虑温度影响，比如在不同的温度将锥形贯入计下降放置入贮水池中。不断记录传感器的信号，直到传感器上的值稳定。从这些结果可以获得每摄氏度零位读数的变化，并可以获得在现场操作时温度稳定需要的时间。这对贯入试验开始前准备试验设备来说是很重要的资料。

上述内容仅适用于环境温度，不适用于瞬时温度。

2.5　深度传感器校准

至少 3 个月校准一次深度传感器，或者在维修后也要校准深度传感器。

附录2　贯入深度校准

根据倾斜度修正贯入深度。

根据精确度分类表5-2中的1、2和3可以通过下列公式考虑倾斜度，修正静力触探试验深度。

$$z = \int_0^l C_h \cdot \mathrm{d}l$$

式中　z——贯入深度，m；

l——贯入长度，m；

C_h——考虑到贯入计与垂直轴之间倾斜度影响的修正系数。

贯入计与垂直轴之间倾斜度影响的修正系数 C_h 计算公式，根据贯入深度计算：

全向倾斜计

$$C_h = \cos\alpha$$

式中　α——垂直轴与锥形贯入计轴之间测量的夹角(°)。

双轴倾斜计

$$C_h = (1 + \tan^2\alpha + \tan^2\beta)^{-2/2}$$

式中　α——垂直轴与轴之间夹角，以及轴与锥形贯入计在固定垂直平面上投影的夹角(°)；

β——垂直轴与轴之间夹角，以及轴与锥形贯入计在与成 α 角的平面垂直的平面上投影的夹角(°)。

注：CPT深度可能需要其他附加修正。

注：贯入深度的修正系数的确定应该考虑复杂的荷载顺序。其他附加系数包括推杆和推杆连接的弯曲与压力、地表或水下地表的垂直位移、深度传感器相对于地表或水下地表的垂直位移。在一些情况下，如贯入中断，可以通过运用升沉补偿装置修正推杆与推杆连接的弯曲与受压。